MIT 앱 인벤터를 활용한 아두이노 제어 실습

기초 코딩부터 사물인터넷(IoT) 실습까지

정용섭, 김영빈, 정대영, 정금섭, 최영근 지음

光文閣
www.kwangmoonkag.co.kr

머리말

21세기 들어 스마트폰이 급속하고도 광범위하게 보급되면서 우리 사회에는 '스마트 혁명'이라 불릴 정도로 빠른 변화가 일어나고 있다. 이미 스마트폰 없는 세상을 상상하기란 불가능하게 된 것이다.

앱 인벤터는 컴퓨터 프로그래밍을 접해 보지 않은 사람들이 쉽게 스마트폰 애플리케이션을 만들 수 있도록 하기 위한 도구로써 누구나 제작 및 이용이 가능한 오픈 소스 소프트웨어이다. 애플리케이션 개발자가 프로그래밍에 대한 지식이 부족하더라도 앱 인벤터의 그래픽 인터페이스를 이용해서 블럭들을 끌어오고 서로 붙여서 스마트폰 애플리케이션을 만들 수 있다.

아두이노 역시 컴퓨터 프로그래밍이나 전자회로에 대한 전문 지식이 부족한 사람들도 비교적 쉽게 하드웨어 작품을 만들 수 있도록 고안되었으며, 앱 인벤터와 마찬가지로 오픈 소스 프로젝트이다. 대학교는 물론 초, 중, 고등학교의 프로그래밍 교육에 사용되며, 간단한 배선과 오픈 소스라는 장점 때문에 기업의 제품 개발에도 널리 활용되고 있다. 최근에는 IoT(사물인터넷), 드론, 3D 프린터 등에 활용되면서 많은 관심을 받고 있다.

본 교재에서는 앱 인벤터로 제작한 스마트폰 애플리케이션을 이용해서 아두이노로 구현된 다양한 시스템을 블루투스 통신을 통해 제어해 볼 수 있도록 하였다. 각 시스템에 사용된 부품들의 특성 및 동작 원리에 대해 소개한 다음 이를 바탕으로 아두이노 IDE에 의해 작성된 프로그램을 소개했다. 그 뒤 앱 인벤터로 스마트폰 애플리케이션을 제작하는 방법에 대해 최대한 상세하게 설명하였다. 또한, 모든 시스템의 결선도 및 회로도를 삽입하여 비전문가들도 그림을 보고 쉽게 따라 할 수 있도록 만들었다.

본 교재는 총 10개의 Chapter로 구성되어 있으며, 미리 내용을 간략하게 소개하면 다음과 같다.

Ch. 1, 2에서는 아두이노와 앱 인벤터의 개괄적인 내용을 기술했다.

Ch. 3은 블루투스 통신을 이용해 간단한 데이터를 송신 및 수신하는 시스템을 만들어 본다.

Ch. 4는 가장 기초적인 디지털 출력 장치인 LED를 점등 및 소등하는 내용을 다룬 후 적외선 인체 감지 센서인 AM312 센서를 입력 장치로 삼아 테스트해 보도록 했다.

Ch. 5는 아날로그 입력 장치인 가변저항의 저항값을 출력하는 시스템이다.

Ch. 6, 7, 8은 모두 아날로그 출력으로서 서보모터, RGB LED, 일반 LED의 밝기 조절, DC 모터의 속도 조절이라는 총 3가지의 아날로그 출력 장치를 다뤄볼 수 있도록 했다.

Ch. 9, 10에서는 지금까지 학습한 내용과 각 센서의 데이터 시트를 참고하여 미세먼지 센서와 습도 센서의 검출값을 출력하는 시스템을 제작할 수 있도록 하였다.

부디 독자 여러분들이 아두이노와 앱 인벤터에 대한 관심과 이해도가 높아지기를, 그럼으로써 학업과 실무 능력에 도움이 되기를 기대한다.

2021년 2월
저자 일동

목차

Chapter 01

아두이노 기초

MIT
APP INVENTOR

01 아두이노 기초

1.1 아두이노란?

아두이노란 2005년 이탈리아의 IDII(Interaction Design Institute Ivrea)에서 하드웨어에 익숙하지 않은 예술가, 디자이너들이 자신의 작품을 손쉽게 만들어낼 수 있도록 고안된 오픈소스 프로젝트이다. '아두이노'는 입력과 출력을 통해 제어를 할 수 있는 마이크로컨트롤러 개발 보드인 하드웨어와 프로그램을 코딩할 수 있는 소프트웨어 개발 환경을 함께 가리키는 용어이다.

소프트웨어로서 아두이노에 의해 작성된 소스 코드는 'Sketch'라는 이름으로 불리며 C/C++ 언어를 기반으로 만들어진 아두이노 IDE(통합 개발 환경, Integrated Development Environment)에서 코딩할 수 있다.

AVR이나 PIC 등의 마이크로컨트롤러로 작성된 소스 코드를 하드웨어에 업로드하려면 ISP(In-System Programmer)나 롬 라이터 등의 장비가 있어야 한다. 하지만 아두이노 하드웨어는 Bootloader라는 프로그램으로 ISP나 롬 라이터의 기능을 대체하므로 하드웨어 업로드를 위해 추가적인 장비가 필요하지 않다. 그래서 아두이노 IDE에서 작성된 Sketch는 IDE에서 컴파일한 다음 역시 IDE에서 아두이노 하드웨어에 업로드하면 된다.

아두이노 하드웨어는 AVR 마이크로컨트롤러를 사용하여 만들어진 개발 보드라고 할 수 있다. 아두이노는 오픈소스로 공개되어 있기 때문에 누구나 직접 보드를 만들고 수정해서 사용하거나 판매할 수 있다. 그렇기 때문에 아두이노사에서 공식적으로 판매하는 아두이노 하드웨어뿐만 아니라 수많은 업체에서 아두이노와 호환되는 제품을 생산하고 있다.

1.2 아두이노 하드웨어

아두이노 공식 홈페이지(https://www.arduino.cc/)에서 [RESOURCES] - [PRODUCTS]에 들어가면 [그림 1-1]과 같이 현재 아두이노사에서 제조중인 아두이노 하드웨어들의 종류를 확인할 수 있다.

[그림 1-1] 아두이노 하드웨어의 종류 확인

아래 [그림 1-2]는 입문자용으로 분류된 아두이노 하드웨어들이다.

이미지 출처 : https://www.arduino.cc/en/Main/Products

[그림 1-2] 아두이노 하드웨어들

여기에서 눈에 띄는 것은 Arduino Micro와 Arduino Nano는 텍스트의 배경색이 빨간색이라는 점이다. 이것은 Arduino Micro와 Arduino Nano는 핀 헤더가 존재하지 않는다는 것을 의미한다.

Arduino Nano와 Arduino Uno는 동일한 사양의 마이크로컨트롤러를 사용하여 제작되었다. Arduino Uno는 주변 장치나 컴퓨터와 연결해서 개발을 진행하고 테스트할 목적으로 다양한 부가 장치들이 장착되어 있다. Arduino Nano는 Arduino Uno에 의해 개발이 완료된 후 실제 제품에서 사용할 목적으로 출시된 제품이기 때문에 Arduino Uno와 동일한 사양을 갖지만 주변 장치와 연결할 수 있는 핀 헤더를 모조리 제거해서 소형으로 만들어놓은 것이다.

Arduino Leonardo와 Arduino Micro의 관계 역시 이와 동일하다.

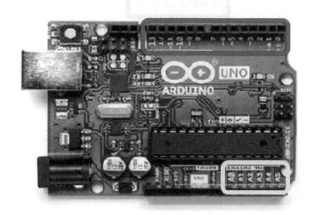

이미지 출처 : https://store.arduino.cc/usa/

[그림 1-3] 아두이노 우노(UNO)

아두이노 하드웨어의 또 하나의 특징은 입출력 핀들의 배치와 역할이 동일하다는 것이다. 다음 그림에서 위의 하드웨어는 Arduino Uno이고 아래의 하드웨어는 Uno보다 훨씬 빠른 클럭과 더 많은 입출력 핀을 제공하는 Arduino Due이다. Arduino Uno에 배치된 0번~13번의 디지털 입출력 핀은 Arduino Due에 배치된 0번~13번의 디지털 입출력 핀과 배치가 완전히 동일한 것을 볼 수 있다. A0번~A5번의 아날로그 입력 핀 역시 배치가 완전히 동일하다.

이미지 출처 : https://store.arduino.cc/usa/

[그림 1-4] 아두이노 DUE

 그렇기 때문에 아두이노 하드웨어의 종류에 상관없이 아두이노 하드웨어 위에 모든 핀들의 위치를 잘 맞춰 적층해서 모터 제어, USB 호스트, 무선 통신 등의 기능을 추가로 적용시킬 수 있는 쉴드(Shield)라는 확장 보드가 제작될 수 있었다.

이미지 출처 : https://store.arduino.cc/usa/arduino-usb-host-shield

[그림 1-5] USB 호스트 쉴드

원래 아두이노 하드웨어는 Atmel사의 8비트 AVR 마이크로컨트롤러를 기반으로 제작되었지만 보다 높은 사양을 제공하기 위해 32비트 ARM Cortes-M 기반의 하드웨어도 출시되었다. 앞에서 잠시 살펴본 Arduino Due는 32비트 ARM Cortex-M3를 기반으로 제작되었으며 클럭이 84MHz로서 클럭이 16MHz인 Arduino Uno보다 5배나 빠르다.

하지만 여전히 Arduino Uno 등 8비트 AVR 마이크로컨트롤러를 기반으로 한 아두이노 하드웨어가 주로 사용되고 있다. 본 교재에서도 가장 많이 사용되며 기본적인 아두이노 하드웨어인 Arduino Uno에 의해 실습을 진행할 것이다.

1.3 아두이노 우노 살펴보기

아두이노 우노 보드에 장착되어 있는 입출력 장치는 다음과 같이 14개의 디지털 입출력 핀, 6개의 아날로그 입력 핀, 전원(5V, 3.3V, GND), LED(L, Tx, Rx), 리셋 버튼, ISP 커넥터로 이뤄져 있다. 전원 공급은 USB 커넥터 또는 DC 전원 커넥터에 의해 가능하다.

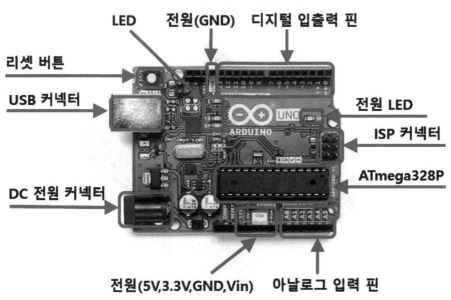

이미지 출처 : https://store.arduino.cc/usa/

[그림 1-6] 아두이노 우노 보드

[표 1-1] 아두이노 우노 R3 하드웨어 사양

마이크로컨트롤러	ATmega328P
동작 전압	5V
입력 전압	권장 전압 : 7~12V, 최대 전압 : 6~20V
디지털 I/O 핀	14개 (0번 ~ 13번)
아날로그 입력 핀	6개 (A0번 ~ A5번)
I/O 핀 DC 전류	20mA
3.3V 핀 DC 전류	50mA
플래시 메모리	32kB, (부트로더에 의해 0.5kB가 점유)
SRAM	2kB
EEPROM	1kB
클럭 속도	16MHz
내장LED	13번 핀

디지털 I/O 핀들은 LED, 모터 등의 출력 장치로 0V 또는 5V 값을 내보내거나 택트 스위치, 각종 센서에서 0V 또는 5V 값을 받는 역할을 한다. 아날로그 입력 핀은 주로 센서와 연결되어 아날로그 입력 값을 읽는 데 사용된다.

아날로그 입력 핀을 통해 0V~5V 사이의 전압 값을 0~255 사이의 256단계로 읽게 된다. 또한 아날로그 입력 핀은 필요할 경우에는 디지털 입력 핀으로 사용할 수도 있다. 이때는 아두이노 스케치에서 핀을 아날로그 입력 핀 A0~A5번 대신 디지털 I/O 핀 14~19번이라고 지정하면 된다.

아두이노 우노 보드를 PC에 연결하기 위해서는 다음과 같은 USB A Male B Male 케이블이 필요하다.

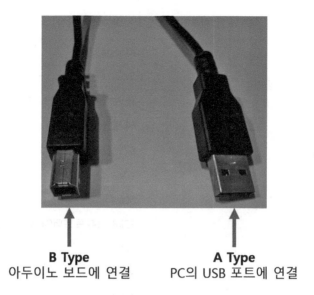

B Type
아두이노 보드에 연결

A Type
PC의 USB 포트에 연결

[그림 1-7] 아두이노 USB 케이블(A-B)

1.4 아두이노 소프트웨어

아두이노 공식 홈페이지에서 [SOFTWARE] - [DOWNLOADS]에 들어가면 무료로 아두이노 소프트웨어를 다운로드해서 설치할 수 있다.

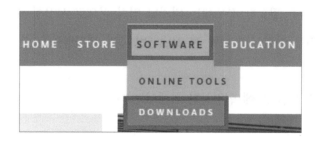

[그림 1-8] 소프트웨어 다운로드 메뉴

Downloads 화면에서 맨 위에 나오는 Arduino Web Editor는 웹 기반 애플리케이션으로서 플러그인만 설치하면 아두이노 소프트웨어를 따로 설치할 필요 없이 온라인상에서 소스코드를 작성해서 컴파일 및 저장하고 하드웨어에 업로드하는 기능을 제공하고 있다.

사용 방법은 Arduino IDE와 거의 동일하다.

[그림 1-9] 아두이노 웹 에디터

본 교재에서는 Arduino IDE를 PC에 설치하는 방법을 선택하도록 하겠다. Downloads 화면에서 아래로 스크롤을 내리면 다음과 같은 항목이 보인다. 2021년 2월 23일 기준으로 Arduino IDE의 최신 버전은 1.8.13이며 화면 우측에서 자신이 사용하는 운영체제를 클릭하면 IDE를 설치할 수 있다.

이 교재에서 작성한 모든 아두이노 스케치는 64bit Windows 10 Professional 환경에서 테스트 되었다.

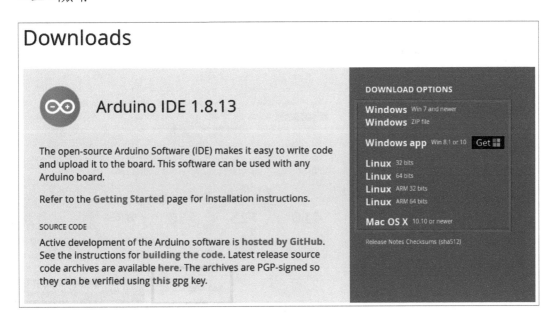

[그림 1-10] 다운로드 아두이노 IDE

여기서 Windows 운영체제에서 사용할 수 있는 파일은 2가지가 있는데 위에 있는 것은 설치 파일(Installer)이고 아래에 있는 것은 별도의 설치 없이 압축 파일(ZIP)을 해제하기만 하면 사용할 수 있다. 설치 파일은 아두이노 하드웨어 사용을 위한 드라이버 설정 등의 기능도 포함되어 있지만 압축 파일은 그렇지 않으므로 Windows 운영체제를 사용한다면 설치 파일(Installer)을 사용하기를 권한다.

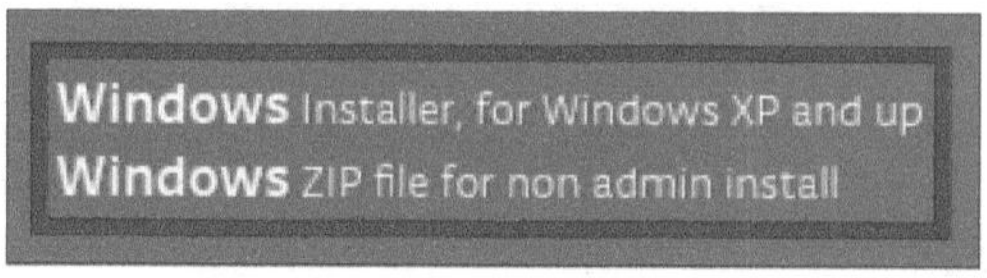

Windows Installer, for Windows XP and up
Windows ZIP file for non admin install

[그림 1-11] 설치 파일 종류

다운로드를 시도하면 아래와 같은 화면이 보이는데 [JUST DOWNLOAD] 버튼을 클릭하면 다운로드가 시작된다. [CONTRIBUTE & DOWNLOAD] 버튼을 누르면 아두이노사에 기부를 한 다음 다운로드를 시작하게 된다.

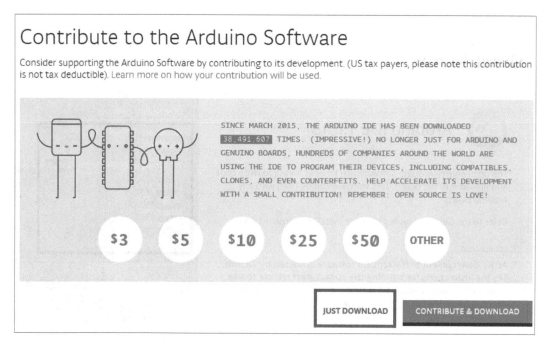

[그림 1-12] 무료 다운로드

설치 과정은 딱히 설정을 변경할 필요 없이 Next 버튼만 누른 후 마지막으로 Install 버튼만 누르면 된다. 설치 도중에 다음과 같이 아두이노 드라이버 설치를 위한 경고창이 나올 텐데 당연히 설치 버튼을 누르면 된다.

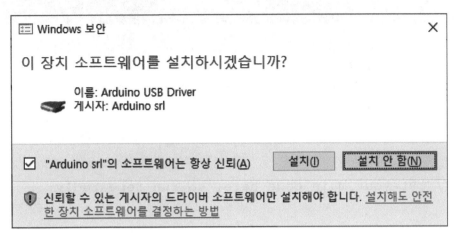

[그림 1-13] 아두이노 드라이버 설치

또한 Windows 8.1 또는 Windows 10 운영체제를 사용한다면 아래 버튼을 클릭해서 Microsoft 스토어를 통해 설치할 수도 있다.

[그림 1-14] Microsoft 스토어

아두이노 IDE 설치가 완료된 다음에는 바탕화면이나 시작 화면에서 Arduino 아이콘을 더블 클릭해서 실행할 수 있다. 참고로 만약 아두이노 버전 업데이트가 있다면 아두이노 IDE를 실행할 때 다운로드 페이지로 이동할 것인지 묻는 창이 뜨므로 최신 버전을 유지하고 싶다면 다운로드해서 설치하면 된다. Arduino IDE를 처음으로 실행했다면 아래와 같은 화면이 뜰 것이다.

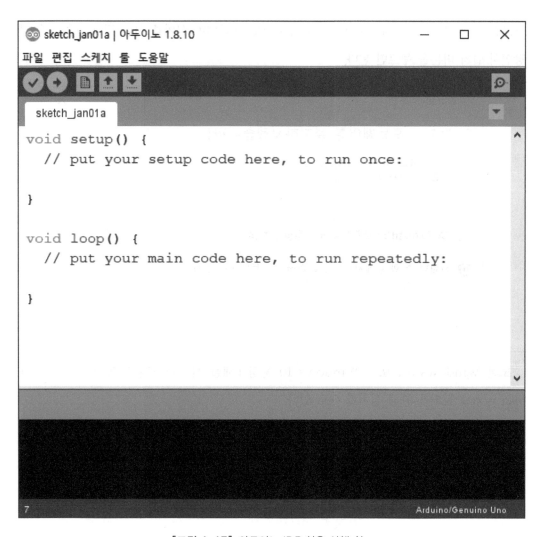

[그림 1-15] 아두이노 IDE 처음 실행 창

아마 C/C++, Java 등의 프로그래밍 언어를 작성해 본 사람들은 main 함수가 없다는 것을 이상하게 생각할 듯하다. Arduino IDE에서 main 함수는 존재하나 숨겨져 있다. main 함수의 내용을 살펴보기 위해 Windows 운영체제를 사용한다면 아래 경로 중 하나로 들어가면 된다.

64비트 - C:\Program Files (x86)\Arduino\hardware\arduino\avr\cores\arduino

32비트 - C:\Program Files\Arduino\hardware\arduino\avr\cores\arduino

C/C++ 등 프로그래밍 경험이 있는 사람들은 이 소스 코드가 대략 무슨 의미인지 감을 잡을 수 있을 것이다.

```
1   #include <Arduino.h>
2
3   // Declared weak in Arduino.h to allow user redefinitions.
4   int atexit(void (* /*func*/ )()) { return 0; }
5
6   // Weak empty variant initialization function.
7   // May be redefined by variant files.
8   void initVariant() __attribute__((weak));
9   void initVariant() { }
10
11  void setupUSB() __attribute__((weak));
12  void setupUSB() { }
13
14  int main(void)
15  {
16      init();
17      initVariant();
18  #if defined(USBCON)
19      USBDevice.attach();
20  #endif
21      setup();
22
23      for (;;) {
24          loop();
25          if (serialEventRun) serialEventRun();
26      }
27
28      return 0;
29  }
```

위 main 함수에 대해 간략하게 설명하면 아두이노 IDE에서 setup 함수 내에 포함된 소스 코드는 주석에 적혀 있듯이 단 한 번만 실행된다.

```
1  void setup() {
2      // put your setup code here, to run once:
3
4  }
```

또한, loop 함수 내에 포함된 코드는 주석에 적혀 있듯이 반복해서 실행된다.

```
1  void loop() {
2      // put your setup code here, to run repeatedly:
3
4  }
```

1.5 Blink 예제 실행해 보기

우선 다음 그림과 같이 아두이노 IDE에서 [파일]-[예제]-[01.Basics]-[Blink]를 선택한다.

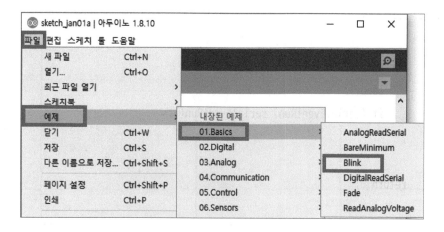

[그림 1-16] Link 예제 실행해보기

다음과 같이 주석에 의해 이 스케치가 어떤 동작을 하는지 설명이 적혀 있다. 아두이노 보드의 내장 램프가 1초 동안 켜지고 1초 동안 꺼지는 동작이 반복적으로 실행된다.

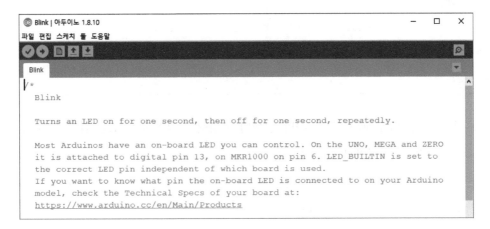

[그림 1-17] Blink 예제 주석 내용

스크롤을 내리면 다음과 같이 Blink 스케치의 setup 함수와 loop 함수가 보일 것이다.

```
25  // the setup function runs once when you press reset or power the board
26  void setup() {
27    // initialize digital pin LED_BUILTIN as an output.
28    pinMode(LED_BUILTIN, OUTPUT);
29  }
30
31  // the loop function runs over and over again forever
32  void loop() {
33    digitalWrite(LED_BUILTIN, HIGH);    // turn the LED on (HIGH is the voltage level)
34    delay(1000);                        // wait for a second
35    digitalWrite(LED_BUILTIN, LOW);     // turn the LED off by making the voltage LOW
36    delay(1000);                        // wait for a second
37  }
```

이 스케치의 의미는 다음과 같다.

```
26    void setup() {
27      // initialize digital pin LED_BUILTIN as an output.
28      pinMode(LED_BUILTIN, OUTPUT);
29    }
```

26~29: setup 함수에는 단 한 번만 실행되는 명령을 작성하며 보통 입출력 선언, 초깃값 설정 등이 여기서 이루어진다.

28: pinMode(LED_BUILTIN, OUTPUT);는 LED_BUILTIN, 즉 내장 LED를 OUTPUT, 즉 출력으로 사용할 것이라는 의미이다.

```
32    void loop() {
33      digitalWrite(LED_BUILTIN, HIGH);    // turn the LED on (HIGH is the voltage level)
34      delay(1000);                        // wait for a second
35      digitalWrite(LED_BUILTIN, LOW);     // turn the LED off by making the voltage LOW
36      delay(1000);                        // wait for a second
37    }
```

32~37: loop 함수에는 반복적으로 실행되는 명령을 작성한다. 실제로 LED를 켜거나 끄거나, 센서의 값을 주기적으로 읽거나, DC 모터를 계속해서 회전시키는 등의 제어 명령은 여기서 설정된다.

33: digitalWrite(LED_BUILTIN, HIGH);는 LED_BUILTIN, 즉 내장 LED에 HIGH(= 1 = 5V)라는 디지털 값을 쓴다. 즉 켠다는 의미이다.

34: delay(1000);는 1000ms(밀리초), 즉 1초 동안 대기하라는 의미이다.

35: digitalWrite(LED_BUILTIN, LOW);는 LED_BUILTIN, 즉 내장 LED에 LOW(= 0 = 0V)라는 디지털 값을 쓴다. 즉 끈다는 의미이다.

이제 USB 케이블을 이용해서 아두이노 우노를 PC와 연결한다. 그 다음은 그림 1-18과 같이 메뉴의 [툴]-[보드]에서 "Arduino/Genuino Uno"가 선택되어 있는지 확인한다. 만약 다른 보드로 선택되어 있다면 "Arduino/Genuino Uno"로 변경해 준다.

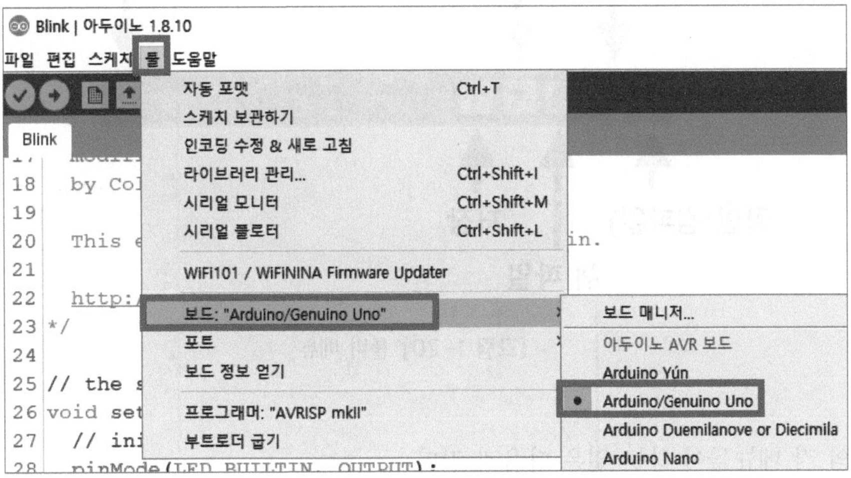

[그림 1-18] 아두이노 보드 변경 메뉴

또한, 메뉴의 [툴]-[포트]에서 아두이노 우노에 할당된 시리얼 통신 포트를 선택한다. 포트 번호 옆에 (Arduino/Genuino Uno)라는 문구가 표시되는 포트를 선택하면 된다. 아래 [그림 1-19]에서는 COM3 (Arduino/Genuino Uno) 포트가 아두이노 우노에 할당되어 있는데 이 포트 번호는 컴퓨터에 따라 다를 수 있다.

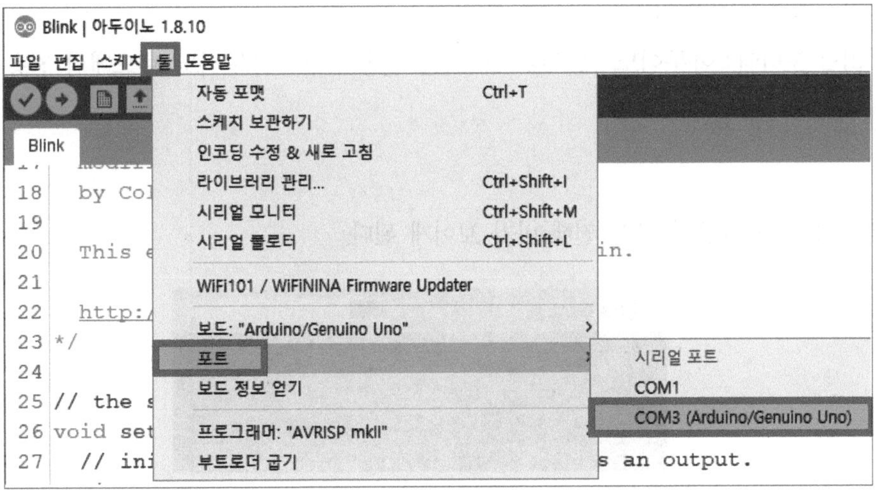

[그림 1-19] 아두이노 포트 선택 메뉴

툴바에서 확인(컴파일) - 업로드 버튼을 누른다.

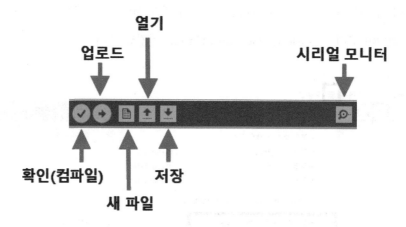

[그림 1-20] 툴바 메뉴

툴바의 각 메뉴들이 하는 일은 다음과 같다.

- 확인(컴파일) : 스케치에 문법적인 오류가 없는지 확인한다. 문법적인 오류가 있다면 콘솔창
  에 오류 메시지가 발생하고, 없다면 컴파일 완료 메시지가 출력된다.
- 업로드 : 아두이노 보드에 스케치를 업로드하게 된다. 업로드 버튼만 눌러도 자동으로 컴
  파일이 먼저 수행된 다음 오류가 없다면 업로드를 진행한다.
- 새 파일 : 새 스케치 창이 생성된다.
- 열기 : 기존에 작성된 스케치를 불러온다.
- 저장 : 현재 창에 표시된 스케치를 저장한다.
- 시리얼 모니터 : 아두이노 보드로 데이터를 전송하거나 아두이노 보드에서 전송된 데이터
  를 출력할 수 있다.

컴파일 중에는 다음과 같이 진행 바가 보이게 된다.

[그림 1-21] 진행 바

오류 없이 아두이노 보드에 업로드가 완료되면 아두이노 IDE 하단부에 다음과 같은 메시지가 뜬다.

[그림 1-22] 메시지 창

아래 위치한 아두이노 우노의 내장 LED가 1초 동안 켜졌다가 1초 동안 꺼지는 동작을 계속해서 반복하는 것을 확인한다. 만약 업로드까지 무사히 완료되었으나 내장 LED가 반응이 없다면 USB 케이블이나 아두이노 우노 하드웨어에 문제가 발생한 것이므로 케이블을 교체하거나 아두이노 우노를 교체해서 확인해 본다.

내장 LED

[그림 1-23] Blink 예제 실행 결과

1.6 시리얼 통신

시리얼(Serial, 직렬) 통신이란 1개 또는 2개의 전송 라인을 통해 데이터를 송수신하는 통신 방식으로서 한 번에 한 비트씩 데이터를 주고받는 방식을 의미한다. 반면 패러럴(Parallel, 병렬) 통신이란

8개, 16개, 또는 그 이상의 전송 라인을 통해 여러 개의 데이터를 한꺼번에 주고받는 방식이다.

아두이노의 시리얼 통신은 컴퓨터에서 주로 사용하는 RS-232C 통신 표준의 정의 중 Rx(Received data, 수신 데이터), Tx(Transmit data, 송신 데이터), GND(GrouND) 3개의 핀으로 통신을 수행한다. 또한 외부 클럭을 이용하지 않고 데이터 전송 라인이 동작하는데 이런 방식을 UART(Universal Asynchronous Receiver Transmiter)라고 부른다.

앞에서 살펴봤듯이 아두이노 우노는 USB 케이블에 의해 PC와 연결되어 데이터를 주고받는다. 하지만 아두이노 우노는 USB에 의해 전송되는 데이터를 직접 받아들이는 것은 아니고 USB에 의해 전송된 데이터를 UART 데이터로 변환해서 받아들인다. 아두이노 우노의 경우에는 ATmega328P가 탑재되어 있는데 이 외에 ATmega16U2라는 또 하나의 마이크로 컨트롤러가 탑재되어 있어 여기에서 UART 데이터로 변환한다.

그러므로 스케치가 USB 케이블을 통해 아두이노 우노로 전송되면 ATmega16U2에서 스케치를 UART 데이터로 변환하고 변환된 데이터를 ATmega328P로 전달함으로써 아두이노 우노에 스케치의 내용이 업로드된다.

앞에서 살펴봤듯이 아두이노 우노를 USB 케이블에 의해 PC와 연결하면 COM 포트, 즉 시리얼 포트가 하나 할당되며 이 포트가 스케치의 업로드에 이용된다. 할당된 COM 포트는 스케치 업로드에 이용되지 않는 동안에는 아두이노와 PC 사이의 시리얼 통신에 이용할 수 있다.

아두이노의 Serial은 별도의 헤더 파일을 include 하지 않고 사용할 수 있는 기본 클래스로서 아두이노와 주변 장치 사이의 시리얼 통신과 연관된 함수들을 제공한다. Serial 클래스에 포함된 함수 중에서 아래 6가지를 주로 사용하게 될 것이다.

```
1   Serial.begin(val)
2   Serial.available()
3   Serial.read()
4   Serial.print(val)
5   Serial.println(val)
6   Serial.write(val)
```

Serial.begin 함수는 전송되는 데이터의 속도를 설정한다. 이 때 val의 값으로 사용할 수 있는 값은 다음과 같다.

이 값은 보율(baud rate)로서 단위는 bps(bits per second)이다. 전송 속도가 크게 중요하지 않는 경우에는 보통 9600으로 설정하며, 당연히 값이 높을 수록 전송 속도가 빠르다.

시리얼 포트를 통해 문자 하나를 보내려면 10비트가 필요하므로 만약 보율을 115200으로 설정했다면 1초에 11520개의 문자를 전송할 수 있다. 참고로 11520개의 문자는 A4 용지 5페이지 정도의 분량이다.

Serial.available() 함수는 수신된 데이터의 바이트 수를 반환한다.

Serial.read() 함수는 수신된 데이터를 바이트 단위로 읽어온다.

Serial.print(val) 함수는 val에 저장된 데이터를 문자열로 변환하여 출력하고, Serial.println(val) 함수는 val에 저장된 데이터를 문자열로 변환하여 출력한 다음 행을 바꾼다. println에서 ln은 'LiNe'을 의미한다. val의 형(타입, type)은 정수, 실수, 문자, 문자열 등이 올 수 있다.

Serial.write(val) 함수는 데이터를 바이트 단위로 출력한다.

이제 다음과 같은 스케치를 작성해 보자.

```
1   void setup() {
2     Serial.begin(9600);
3   }
4
5   void loop() {
6     byte data = 64;
7
8     Serial.println("byte data = 64;");
9     Serial.print("by print : ");
10    Serial.println(data);
11    Serial.print("by write : ");
12    Serial.write(data);
13    while(1);
```

```
14
15  }
```

스케치에서 확인할 수 있듯이 byte형의 data라는 이름의 변수를 선언하고 64라는 값을 대입하였다. 그 다음 print 함수와 write 함수에 의해 각각 어떤 값이 출력되는지 확인하는 프로그램이다.

아두이노 우노에 업로드한 다음 시리얼 모니터를 확인하면 다음과 같은 결과가 출력되는 것을 확인할 수 있을 것이다. print 함수에 의해서는 byte형 변수 data에 저장된 64라는 값이 그대로 출력되고 write 함수에 의해서는 ASCII 코드 64에 해당하는 특수 기호 '@'가 출력되었다.

print 함수는 byte형 변수에 저장된 값을 그대로 출력하며 write 함수는 인자를 ASCII 코드 값으로 받아 그 코드에 해당하는 숫자나 문자 또는 특수 기호를 출력한다는 것을 확인할 수 있다.

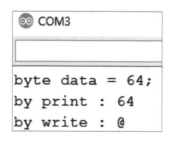

[그림 1-24] 시리얼 모니터 창

이번에는 다음과 같이 시리얼 모니터에서 입력된 문자열을 아두이노로 전송하고, 그 데이터가 아두이노에서 시리얼 모니터로 다시 그대로 전송되는 스케치를 작성해 업로드한다.

```
1   void setup() {
2     Serial.begin(9600);
3   }
4
5   void loop()
6   {
```

```
7      if(Serial.available())

8      {

9        byte receivedData = Serial.read();

10

11       Serial.print("\nreceivedData by print : ");

12       Serial.println(receivedData);

13       Serial.print("receivedData by write : ");

14       Serial.write(receivedData);

15       Serial.println();

16     }

17   }
```

7	if(Serial.available())

7 : 이 조건문은 시리얼 통신을 통해 수신된 데이터가 참이라면, 즉 아두이노에서 전송된 데이터가 존재한다면 중괄호로 묶인 블록(8행~16행)을 실행하고 거짓이라면 아무것도 실행하지 말라는 의미이다.

9	byte receivedData = Serial.read();

9 : 시리얼 통신을 통해 아두이노에서 수신된 데이터를 1바이트만큼 읽어 바이트형 변수 receivedData의 값으로 저장하게 된다. 만약 시리얼 모니터에서 a12@ 라는 데이터를 아두이노로 전송했다면 아두이노에서 이 데이터를 다시 시리얼 모니터로 전송하는데 여기서 시리얼 통신에 의해 전송되는 데이터는 2진수이다. 그리고 1바이트만큼 데이터를 읽으므로 a12@ 중 첫 번째 문자인 'a'만 읽게 된다.

read 함수는 데이터를 읽어온 다음에는 버퍼에서 삭제하는데 그렇기 때문에 loop 함수에 의해 반복 실행될 때마다 그 다음 번 문자를 읽게 된다.

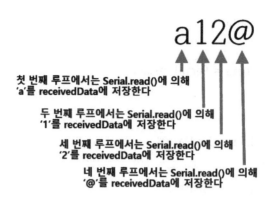

첫 번째 루프에서는 Serial.read()에 의해
'a'를 receivedData에 저장한다

두 번째 루프에서는 Serial.read()에 의해
'1'를 receivedData에 저장한다

세 번째 루프에서는 Serial.read()에 의해
'2'를 receivedData에 저장한다

네 번째 루프에서는 Serial.read()에 의해
'@'를 receivedData에 저장한다

[그림 1-25] 시리얼 모니터의 데이터 구성

시리얼 모니터의 입력 창에 a12@ 라고 입력한 다음 엔터 키를 누르거나 전송 버튼을 누르면 다음과 같은 결과가 출력된다. a, 1, 2, @와 ASCII 코드가 write 함수와 print 함수에 의해 출력되는 것을 확인할 수 있다.

그런데 맨 아래를 보면 ASCII 코드 값 10은 출력되는데 write 함수에 의한 출력은 아무것도 되지 않는 것이 보인다. ASCII 코드 10은 LF(Line Feed), 즉 개행 문자("\n" 또는 println())이기 때문에 출력이 안 되는 것처럼 보일 뿐이다.

```
COM3

a12@


receivedData by print : 97
receivedData by write : a

receivedData by print : 49
receivedData by write : 1

receivedData by print : 50
receivedData by write : 2

receivedData by print : 64
receivedData by write : @

receivedData by print : 10
receivedData by write :
```

[그림 1-26] 시리얼 통신에 의해 송수신되는 값

시리얼 통신에 의해 송수신되는 값이 어떤 방식으로 처리되고 출력되는지 살펴보았다. 이 방식은 뒤에 나올 블루투스 통신에 그대로 적용된다.

1.7 아두이노 스케치 기초

1) 데이터 타입

아두이노는 C/C++ 언어를 기반으로 하고 있으므로 사용할 수 있는 데이터 타입 역시 C/C++과 동일하다. 다만 앞서 이야기했듯이 아두이노 우노를 비롯한 대부분의 아두이노 보드에서 사용하는 ATmega 마이크로컨트롤러는 8비트 마이크로컨트롤러이다. 그러므로 아두이노에서 사용되는 각 데이터 타입이 차지하는 메모리는 일반적으로 PC에서 사용하는 CPU를 사용할 때보다 작거나 또는 같다.

32비트 ARM Cortex-M 기반의 아두이노 보드를 사용할 때의 데이터 타입의 메모리는 8비트 ATmega 마이크로컨트롤러 기반의 아두이노 보드를 사용할 때보다 몇몇 타입의 경우 더 크다.

[표 1-2]는 아두이노에서 사용 가능한 데이터 타입 및 차지하는 메모리를 나타낸 것이다.

[표 1-2] 데이터 타입 및 메모리 크기

데이터 타입	메모리 (byte)	설명	비고
boolean	1	논리형	true or false
char	1	문자형	unsigned 가능
int	2	정수형	unsigned 가능 32비트 아두이노의 경우 4byte
short	2	정수형	unsigned 가능
long	4	정수형	unsigned 가능
byte	1	부호 없는 정수형	
word	2	부호 없는 정수형	32비트 아두이노의 경우 4byte
float	4	실수형	
double	4	실수형	32비트 아두이노의 경우 8byte

2) 연산자

아두이노에서 사용 가능한 연산자 역시 C/C++과 마찬가지로 산술 연산자, 비교 연산자, 논리 연산자 그리고 비트 연산자 등이 있다.

[표 1-3] 산술 연산자의 종류

산술 연산자	의미	사용 예시	비고
=	대입	int j = 50;	j의 값은 50이 됨
+	덧셈	int i = 50; int j = i + 3;	j의 값은 53이 됨
-	뺄셈	int i = 50; int j = i - 3;	j의 값은 47이 됨
*	곱셈	int i = 50; int j = i * 3;	j의 값은 150이 됨
/	나눈 몫	int i = 50; int j = i / 3;	정수형만 가능함 j의 값은 16이 됨
%	나눈 나머지	int i = 50; int j = i % 3;	정수형만 가능함 j의 값은 2가 됨

[표 1-4] 복합대입 연산자의 종류

복합대입 연산자	의미	사용 예시	비고

+=	연산자 왼쪽 값과 오른쪽 값을 더한 뒤 연산자 왼쪽 값에 대입	int i = 50;
		int j = 3;
		i += j;
			i의 값인 50과 j의 값인 3을 더한 값인 53을 i의 값으로 대입

-=	연산자 왼쪽 값에서 오른쪽 값을 뺀 뒤 연산자 왼쪽 값에 대입	int i = 50;
		int j = 3;
		i -= j;
			i의 값인 50에서 j의 값인 3을 뺀 값인 47을 i의 값으로 대입

*=	연산자 왼쪽 값과 오른쪽 값을 곱한 뒤 연산자 왼쪽 값에 대입	int i = 50;
		int j = 3;
		i *= j;
			i의 값인 50과 j의 값인 3을 곱한 값인 150을 i의 값으로 대입

/=	연산자 왼쪽 값을 오른쪽 값으로 나눈 뒤 몫을 연산자 왼쪽 값에 대입	int i = 50;
		int j = 3;
		i /= j;
			i의 값인 50을 j의 값인 3으로 나눈 몫인 16을 i의 값으로 대입

%=	연산자 왼쪽 값을 오른쪽 값으로 나눈 뒤 나머지를 연산자 왼쪽 값에 대입	int i = 50;
		int j = 3;
		i %= j;
			i의 값인 50을 j의 값인 3으로 나눈 나머지인 2를 i의 값으로 대입

++	값을 1만큼 증가
	k++은 선 연산, 후 증가
	++k는 선 증가, 후 연산
		int i, j;
		int k = 3;
		i = k++;
		j = ++k;
			i에 k의 값인 3을 대입한 후 k의 값이 1 증가되어 4가 됨
			j에는 k의 값을 1 증가한 4가 대입

--	값을 1만큼 감소	int i, j;
		int k = 3;
		i = k--;
		j = --k;
			i에 k의 값인 3을 대입한 후 k의 값이 1 감소되어 2가 됨
			j에는 k의 값을 1 감소한 2가 대입

[표 1-5] 비교 연산자의 종류

비교 연산자	의미	사용 예시	비고
>	연산자 왼쪽 값이 오른쪽 값보다 큰지 검사	i > j	i의 값이 j보다 크다면 1을 반환, 작다면 0을 반환
>=	연산자 왼쪽 값이 오른쪽 값보다 크거나 같은지 검사	i >= j	i의 값이 j보다 크거나 같다면 1을 반환, 작다면 0을 반환
<	연산자 왼쪽 값이 오른쪽 값보다 작은지 검사	i < j	i의 값이 j보다 작다면 1을 반환, 작다면 0을 반환
<=	연산자 왼쪽 값이 오른쪽 값보다 작거나 같은지 검사	i <= j	i의 값이 j보다 작거나 같다면 1을 반환, 작다면 0을 반환
==	연산자 왼쪽 값과 오른쪽 값이 같은지 검사	i == j	i의 값이 j보다 같다면 1을 반환, 작다면 0을 반환
!=	연산자 왼쪽 값이 오른쪽 값과 같지 않은지 검사	i != j	i의 값이 j와 같지 않다면 1을 반환, 작다면 0을 반환

[표 1-6] 논리 연산자의 종류

논리 연산자	의미	사용 예시	비고
&&	AND(논리곱)	a && b	연산자 왼쪽 값, 오른쪽 값이 모두 참일 때에는 참, 하나라도 거짓이면 거짓을 반환
||	OR(논리합)	a || b	연산자 왼쪽 값, 오른쪽 값 중 하나라도 참일 때에는 참, 둘 다 거짓이면 거짓을 반환

!	AND(부정)	a = !b	연산자 값이 참일 때에는 거짓을 반환, 거짓일 때에는 참을 반환

Tip. C언어에서는 0을 거짓으로, 0을 제외한 모든 값을 참으로 간주한다.

이 외에 메모리 공간의 효율성을 높이고 연산의 횟수를 줄이고자 할 때 사용하는 비트 연산자가 있다. 마이크로컨트롤러 프로그래밍에서는 레지스터를 조작해야 하는 작업이 종종 있으며, 레지스터는 비트별로 그 의미가 지정되어 있는 경우가 많으므로 비트 연산을 통해 데이터를 비트 단위로 조작해야 하는 경우를 흔히 볼 수 있다. 스케치에서 '0b'로 접두어로 사용하는 경우 이진수를 표시할 수 있다. 단, 이진수 표현은 8비트 크기의 데이터 표현만을 위해 사용할 수 있다.

3) 조건문

C/C++ 언어로 작성한 코드는 위에서 아래로 순차적으로 실행됨을 기본으로 한다. 프로그램 실행 중 실행되는 순서를 바꾸어야할 필요가 있는 경우 실행 흐름을 바꾸기 위해 필요한 문장으로 조건문과 반복문이 있다. 조건문에는 if~else문과 switch~case문이 있다.

(1) if문

```
1  if(cmd == '1')
2  {
3    Serial.println("Received Value : 1");
4  }
```

위 예시는 cmd라는 이름의 변수에 저장된 값이 1과 같다면 Received Value : 1이라는 텍스트를 시리얼 통신에 의해 출력하고, 1과 같지 않다면 아무것도 하지 않는다는 의미이다.

if 다음의 소괄호 안에는 참 또는 거짓이라는 결과를 반환하는 조건식이 오게 된다. 왼쪽 중괄호 '{'부터 오른쪽 중괄호 '}' 사이의 범위를 블록이라고 하는데, cmd == 1이라는 조건식이 참이라면 블록 내의 명령들이 실행되고, 거짓이라면 실행되지 않는다.

위 예시처럼 단 1개의 라인만 블록에 포함된다면 다음과 같이 생략해도 상관없다.

```
1   if(cmd == '1')
2     Serial.println("Received Value : 1");
```

(2) if ~ else문

if문에는 else라는 키워드를 추가할 수 있는데, 다음과 같이 사용할 수 있다.

```
1   if(cmd == '1')
2   {
3     Serial.println("Received Value : 1");
4   }
5   else
6   {
7     Serial.println("Received Value : NOT 1");
8   }
```

위 문장은 cmd라는 이름의 변수에 저장된 값이 1과 같다면 Received Value : 1이라는 텍스트를 시리얼 통신에 의해 출력하고, 1과 같지 않다면 Received Value : NOT 1이라는 텍스트를 출력하라는 의미이다.

(3) if ~ else if ~ else문

if ~ else문에서 여러 개의 조건식을 검사하도록 한다면 다음과 같이 if ~ else if ~ else문을 이용하여 작성할 수도 있다.

```
1   if(cmd == '1')
2   {
3     Serial.println("Received Value : 1");
4   }
```

```
 5    else if(cmd == '2')
 6    {
 7      Serial.println("Received Value : 2");
 8    }
 9    else if(cmd == '3')
10    {
11      Serial.println("Received Value : 3");
12    }
13    else
14    {
15      Serial.println("Received Value : NOT 1 or 2 or 3");
16    }
```

이렇게 작성하면 cmd의 값이 1, 2, 3 중 하나이면 해당 값을 출력하고 1, 2, 3이 아니라면 "Received Value : NOT 1 or 2 or 3"이라는 텍스트를 출력하게 된다.

(4) switch~case

swtich~case문은 if문으로 완벽하게 대체할 수 있다. 하지만 조건의 설정이 if문보다 훨씬 직관적이다. 아래는 "앞의 (3) if ~ else if ~ else문"과 동일한 동작을 하는 명령이다.

```
 1    switch(cmd)
 2    {
 3      case '1' :
 4        Serial.println("Received Value : 1");
 5        break;
 6      case '2' :
 7        Serial.println("Received Value : 2");
 8        break;
 9      case '3' :
10        Serial.println("Received Value : 3");
11        break;
12      default :
```

```
13        Serial.println("Received Value : NOT 1 or 2 or 3");
14        break;
15   }
```

4) 반복문

반복문은 특정 블록을 반복해서 실행하기 위해 사용되며 for문, while문, do-while문이
있다.

(1) for문

for문은 다음과 같은 형태를 지닌다.

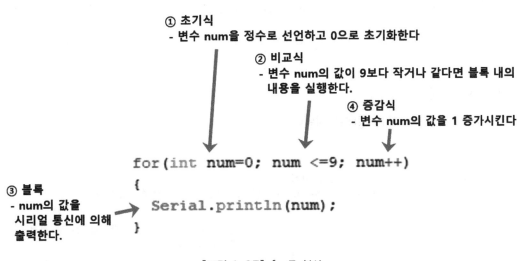

[그림 1-27] for문 형식

이 예제에서 for문의 실행은 ①⇒②⇒③⇒④⇒②⇒③⇒④⇒②⇒③⇒④⇒ … 순
으로 ②번 비교식을 검사해서 거짓이라는 결과가 나올 때까지 반복된다.

즉 각 순서를 정리하면 다음과 같다.

① num의 값을 0으로 초기화한 다음

<table>
<tr><td rowspan="3">for
반복문</td><td>② num의 값이 9보다 작거나 같은지 검사한다.</td></tr>
<tr><td>③ 검사 결과가 참이었으므로 num의 값인 0을 출력한다.</td></tr>
<tr><td>④ num의 값을 0에서 1 증가한 1로 바꾼다.</td></tr>
<tr><td rowspan="3">for
반복문</td><td>② num의 값이 9보다 작거나 같은지 검사한다.</td></tr>
<tr><td>③ 검사 결과가 참이었으므로 num의 값인 1을 출력한다.</td></tr>
<tr><td>④ num의 값을 1에서 1 증가한 2로 바꾼다.</td></tr>
</table>

다시 ②번 과정부터 반복한다.

그러다가 num의 값이 10이 되면 num의 값인 10을 출력하지 않고 for문 블록의 다음 라인으로 빠져나와 for문 아래에 명령어가 존재한다면 실행한다.

(2) while문

while문은 다음과 같은 형태를 지닌다.

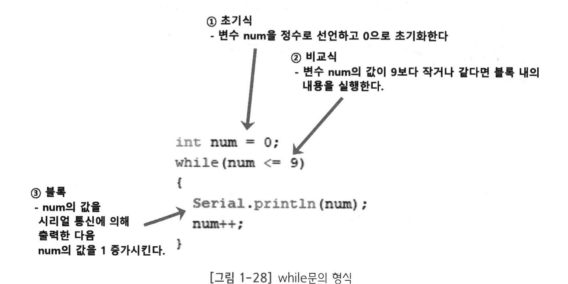

[그림 1-28] while문의 형식

이 예제에서 while문의 실행은 ①⇒②⇒③⇒②⇒③⇒ … 순으로 ②번 비교식을 검사해서 거짓이라는 결과가 나올 때까지 반복된다.

즉 각 순서를 정리하면 다음과 같다.

① num의 값을 0으로 초기화한 다음

while 반복문
② num의 값이 9보다 작거나 같은지 검사한다.
③ 검사 결과가 참이었으므로 num의 값인 0을 출력하고 num의 값을 0에서 1 증가한 1로 바꾼다.

while 반복문
② num의 값이 9보다 작거나 같은지 검사한다.
③ 검사 결과가 참이었으므로 num의 값인 1을 출력하고 num의 값을 1에서 1 증가한 2로 바꾼다.

다시 ②번 과정부터 반복한다.

그러다가 num의 값이 10이 되면 num의 값인 10을 출력하지 않고 while문 블록의 다음 라인으로 빠져나와 for문 아래에 명령어가 존재한다면 실행한다.

while문으로는 무한 루프를 만들 수도 있다. 아래와 같이 while문의 조건식으로 true나 1 등을 입력하면 무한히 블록의 내용을 반복하는 반복문이 된다. 반복문에서 빠져나오려면 if문 등에 의해 조건을 주고 break; 명령을 사용하면 된다.

```
1    int num = 0;
2    while( true )
3    {
4      Serial.println(num);
5      num++;
6    }
```

또한 아래와 같이 입력하면 무한 루프를 만든 후 아무것도 실행하지 않음으로써 대기하라는 명령을 만들 수도 있다. 이것은 loop() 함수에 의해 기본적으로 명령을 계속 반복 실행하게 되는 아두이노에서 실행을 중지할 수 있게 만들어 준다.

```
1    while( 1 )
```

(3) do~while문

while문은 처음으로 조건식을 검사했을 때 거짓이면 블록 내의 내용을 한 번도 실행하지 않고 빠져나올 수도 있다. do~while은 그와 달리 일단 블록 내의 내용을 실행한 다음 조건식을 검사하는 과정을 거치게 된다.

```
1    int num = 10;
2    while( num <= 9 )
3    {
4      Serial.println(num);
5      num++;
6    }
```

결과 : 아무것도 출력되지 않음

```
1    int num = 10;
2    do
3    {
4      Serial.println(num);
5      num++;
6    }while( num <= 9 );
```

결과 : 10이 출력됨

5) 아두이노에서 정의된 함수

(1) pinMode

pinMode는 디지털 입출력 핀을 입력(INPUT)으로 사용할 것인지 출력(OUTPUT)으로 사용할 것인지 설정하는 함수로서 보통 setup() 함수 내에 포함한다.

```
1    pinMode(9, OUTPUT);
```

위 문장은 9번 핀을 출력으로 사용하겠다는 의미이다. 보통은 아래와 같이 해당 핀에 연결될 장치의 이름을 정수형 변수로 선언한 다음 핀 번호를 대입해서 설정한다.

```
1    int PB1 = 4;
2    int LED = 9;
3
4    pinMode(PB1, INPUT);
5    pinMode(LED, OUTPUT);
```

(2) digitalWrite

디지털 입출력 핀에 연결된 장치를 켜거나(HIGH = 1) 끄거나(LOW = 0) 하는 용도로 사용하는 함수이다.

```
1    digitalWrite(LED1, HIGH);
2    digitalWrite(LED2, LOW);
```

(3) digitalRead

입력으로 설정된 디지털 입출력 핀에 연결된 입력 장치의 상태를 읽기 위한 함수이다. digitalWrite과 마찬가지로 HIGH(= 1) 또는 LOW(= 0) 중 하나의 값을 반환한다.

```
1    digitalRead(PB1);
```

(4) analogWrite

디지털 신호를 이용하여 아날로그 신호와 유사한 효과를 만들어내는 PWM 신호를 출력한다. analogWrite 함수에 의해 출력되는 값은 0부터 255이다. 예를 들어 다음과 같은 명령어는 LED1의 밝기가 최대 밝기의 50%로 출력된다.

```
1    analogWrite(LED1, 127);
```

(5) analogRead

아두이노의 아날로그 입력 핀에 연결된 장치, 즉 가변 저항이나 센서 등의 값을 읽는 동작을 수행한다. 다음과 같은 명령어는 A0 핀에 연결된 장치의 아날로그 값을 0~1023 사이의 디지털 값으로 반환한다. Arduino Due 등 일부 보드에서는 0~4095 사이의 값을 반환한다.

```
1    analogRead(A0);
```

(6) delay

설정한 시간만큼 아무것도 하지 않고 대기하는 동작에 사용된다. 단위는 ms이다. 예를 들어, 다음 명령은 시리얼 통신에 의해 'a'를 출력하고 500ms, 즉 0.5초 뒤에 'b'를 출력하게 된다.

```
1    Serial.println('a');
2    delay(500);
3    Serial.println('b');
```

(7) PWM

아두이노 우노의 A0~A5 핀은 아날로그 입력 핀이다. 즉 아날로그 데이터의 입력은 가능하나 출력은 불가능하다. 그 대신에 PWM 신호를 이용해 디지털 신호로 아날로그 신호와 유사한 효과를 만들어낸다. 아두이노 우노의 경우 PWM 신호를 출력할 수 있는 핀은 3, 6, 9, 10, 11번의 디지털 입출력 핀이다. 아두이노 보드에는 '~' 모양이 인쇄되어 있어 다른 핀들과 구분된다.

[그림 1-29] PWM 핀

PWM 신호는 구형파 신호이며 주기와 HIGH 상태인 시간의 비율로 표현된다. 이 비율을 듀티 사이클(duty cycle)이라고 부른다. 가령 HIGH 상태가 5ms, LOW 상태가 5ms가 반복되어 주기가 10ms인 구형파의 경우 듀티 사이클이 50%이다. HIGH 상태가 20ms, LOW 상태가 80ms 반복되어 주기가 100ms인 구형파의 경우에는 듀티 사이클이 20%가 된다.

아두이노에서는 analogWrite() 함수를 이용해서 0~255 사이의 값을 PWM 핀으로 전송할 수 있다. 그럼으로써 LED의 밝기 조절이나 DC 모터의 속도 제어 등의 용도로 사용할 수 있다.

예를 들어 PWM 신호 출력이 가능한 9번 핀에 DC 모터를 연결하고 analogWrite(9, 127); 이라는 명령을 실행하면 DC 모터는 최대 속도의 50%에 해당하는 속도로 회전하게 된다.

다음 그림 1-30은 analogWrite() 함수에 의해 결정되는 듀티 사이클과 그에 해당하는 구형파를 보여주고 있다.

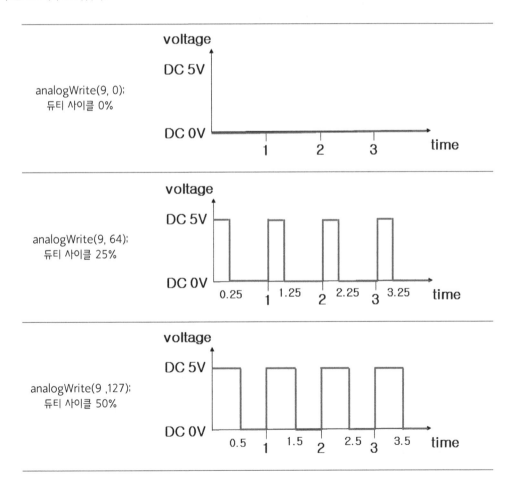

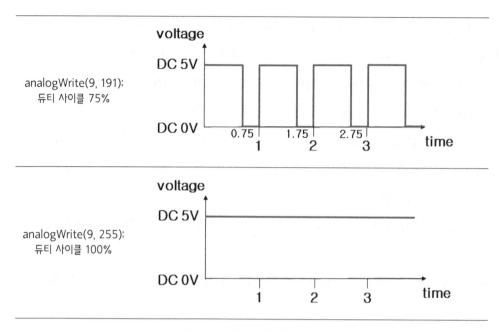

analogWrite(9, 191);
듀티 사이클 75%

analogWrite(9, 255);
듀티 사이클 100%

[그림 1-30] 듀티 사이클

Chapter **02**

앱 인벤터 기초

02 앱 인벤터 기초

2.1 앱 인벤터의 역사

앱 인벤터(App Inventor for Android)는 Google과 미국의 MIT(매사추세츠 공과대학)에서 개발한 오픈소스 웹 애플리케이션으로서 현재는 MIT에서 관리하고 있다. 앱 인벤터는 프로그래밍 경험이 없는 초보자들도 간편하게 안드로이드 운영체제용 앱(App, Application)을 제작할 수 있는 도구로서 별도의 설치가 필요하지 않고 웹 브라우저상에서 프로그래밍을 할 수 있다.

앱 인벤터는 2010년 7월 12일에 베타 버전을 사용할 수 있게 되었으며 2010년 12월 15일에 공식 출시되었다가 2011년 후반기에 Google에서 소스 코드를 공개하고 서비스를 종료하였다. 그 뒤로는 MIT에서 계속 관리하여 2012년 3월부터는 MIT 버전의 앱 인벤터가 서비스를 개시하였으며 2013년 12월 '앱 인벤터 2'라는 새로운 버전이 출시되어 지금까지 수시로 업데이트가 실행되고 있다.

2021년 2월 23일을 기준으로 Apple사의 iOS 지원이 가능한 베타 버전이 존재하지만 다소 미흡하다. 또한, 앱 인벤터는 오픈소스이기 때문에 다양한 파생 툴이 존재하는데 앱 인벤터와 유사한 인터페이스를 가지며 iOS가 지원되는 툴로는 https://thunkable.com/ 등이 있다.

2.2 앱 인벤터의 특징

1) 드래그 & 드롭 방식의 비주얼 언어이다.

다른 프로그래밍 도구와 비교해 앱 인벤터가 가지는 가장 큰 특징은 앱의 동작을 구현할 때 드래그 & 드롭(drag and drop)해서 끼워 맞추는 방식이기 때문에 프로그래밍하기 쉽다는 점이다. 앱의 GUI(Graphic User Interface)를 만들 때에는 앱을 구성하는 요소인 버튼, 이미지 등의 컴포넌트(Component)를 안드로이드 기기 화면에 드래그 & 드롭해서 배치한 다음 앱의 동작은 블록(Block)을 드래그 & 드롭해서 끼워 맞춰서 구현하게 된다.

그러므로 Java, XML 등의 프로그래밍 언어를 기반으로 하는 안드로이드 스튜디오 등 다른 안드로이드 운영체제용 앱 개발 도구들보다 훨씬 직관적이고 간편하게 프로그래밍할 수 있다.

2) 타이핑할 필요가 거의 없다.

프로그래밍 경험이 없는 초보자가 C/C++, Java 등으로 코드를 작성하면 대부분의 경우 무슨 뜻인지 알기 어려운 오류 메시지를 잔뜩 보게 된다. 세미콜론(;)이나 중괄호({ })를 빠뜨리거나 단 한 글자가 틀렸거나 했을 때 문법적인 오류가 발생하는데 초보자들 중 적지 않은 수가 여기에서 좌절하게 된다.

앱 인벤터에서 키보드로 타이핑하는 것은 각 속성(Properties)의 값을 변경하거나 변수(Variable)의 이름을 설정하는 등 극히 제한적인 경우에만 필요하며 대부분 마우스에 의해 프로그래밍이 진행된다.

3) 서랍에서 꺼내 끼워 맞추면 된다.

앱 인벤터에서는 컴포넌트와 블록이 종류와 기능에 의해 구분되어 서랍(Drawer)에 들어 있다. 그러므로 프로그래밍할 때 필요한 컴포넌트나 블록이 어떤 종류이고 어떤 기능을 갖는지 생각해 본 다음 서랍을 열어 컴포넌트나 블록을 꺼내 쓰면 된다. 다른 프로그래밍 언어처럼 필요한 명령어를 모두 외우거나 매뉴얼을 찾아야 할 필요가 없다.

또한 각 블록에는 홈이 존재하는데 그 홈을 보고 어느 위치에 끼워 넣을 수 있고, 어느 위치에는 끼워 넣을 수 없는지 직관적으로 알 수가 있다.

4) 이벤트를 직접 처리한다.

대부분의 앱은 이벤트를 받아 처리하는 방식으로 동작한다. 사용자가 버튼을 누르거나 센서에 의해 값이 입력되거나 문자 메시지가 오는 것을 이벤트(Event)라고 한다. C/C++, Java 같은 텍스트 기반의 프로그래밍 언어는 명령어를 순차적으로 처리하면서 실행되는 방식이 주류일 때 개발되었기 때문에 이런 이벤트를 처리하는 동작을 구현하려면 클래스, 객체 등에 대해 이해하고 있어야 한다. 앱 인벤터에서는 이벤트 처리기(Event Handler)라는 블록에 의해 각 이벤트가 발생했을 때 수행할 동작을 간단하게 지정할 수 있다.

2.3 앱 인벤터 사용을 위한 준비

앱 인벤터는 웹 애플리케이션이기 때문에 당연히 웹 브라우저가 필요하다. 또한, 컴퓨터와 안드로이드 폰 또는 태블릿 PC 역시 필요할 것이다. 앱 인벤터에서 공식적으로 지원하고 있는 시스템의 요구 사항은 다음과 같다.

1) 컴퓨터 및 운영체제

- Macintosh(with Intel processor) : Mac OS X 10.5 이상
- Windows : Windows XP, Windows Vista, Windows 7 이상
- GNU/Linux : Ubuntu 8 이상, Debian 5 이상

  (Note: GNU/Linux live development에서는 컴퓨터와 안드로이드 간의 Wi-Fi 연결만 지원한다.)

2) 웹 브라우저

- Mozilla Firefox 3.6 이상

  (Note: Firefox의 NoScript 플러그인을 사용하고 있다면 끄거나 삭제해야 한다)

- Apple Safari 5.0 이상
- Google Chrome
- Microsoft Internet Explorer는 지원하지 않음

3) 폰 또는 태블릿

• Android 운영체제 2.3("Gingerbread") 이상

참고로 Microsoft Internet Explorer에서는 앱 인벤터 로그인조차 되지 않지만 Windows 10에 포함된 웹 브라우저인 Edge에서는 앱 인벤터가 정상적으로 동작된다. 본 교재에서 소개하는 프로그램 작성과 테스트는 컴퓨터 운영체제는 Microsoft Windows 10 Professional, 폰의 운영체제는 Android 9, 웹 브라우저는 Google Chrome 버전 88.0.4324.182를 사용했다.

2.4 튜토리얼 살펴보기

1) 앱 인벤터 홈페이지(http://appinventor.mit.edu) 초기 화면에서 Create Apps! 버튼을 클릭한다.

appinventor.mit.edu
MIT
APP INVENTOR
Create Apps!
About
Educators
News
Resources
Blogs
Donate

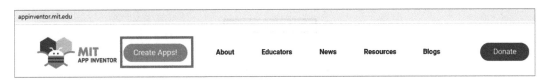

[그림 2-1] Creat Apps! 초기 화면 메뉴

2) 구글 계정으로 로그인해야 앱 디자인이 가능하다. 구글 계정이 없다면 계정을 만든 다음 로그인한다.

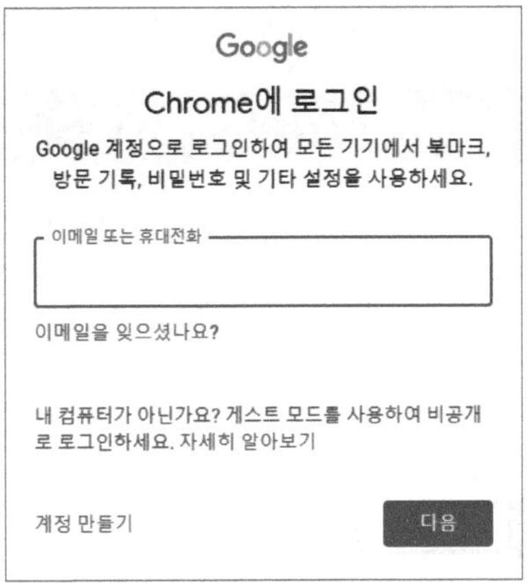

Google
Chrome에 로그인
Google 계정으로 로그인하여 모든 기기에서 북마크, 방문 기록, 비밀번호 및 기타 설정을 사용하세요.
이메일 또는 휴대전화
이메일을 잊으셨나요?
내 컴퓨터가 아닌가요? 게스트 모드를 사용하여 비공개로 로그인하세요. 자세히 알아보기
계정 만들기
다음

[그림 2-2] 구글 계정 로그인 화면

3) 사용할 구글 계정을 선택한 다음에는 약관 화면에서 하단의 [I accept the terms of service!] 버튼을 클릭해서 서비스 약관에 동의한다.

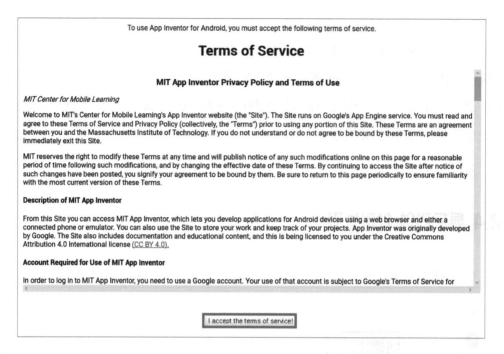

[그림 2-3] 약관 동의 화면

4) 다음과 같이 앱 인벤터의 릴리즈 노트와 안드로이드 기기와 연결하는 방법에 대한 설명이 링크로 제공된다. 더 이상 보고 싶지 않다면 [Do Not Show Again] 버튼을 체크하고 [Continue] 버튼을 클릭한다.

[그림 2-4] 앱 인벤터와 안드로이드 기기와 연결 확인

5) 이제 3가지의 튜토리얼이 등장하는데, HELLO PURR는 버튼을 누르면 고양이 울음소리가 들리는 앱이다. TALK TO ME는 텍스트를 입력하면 음성으로 변환되는 앱이고, TRANSLATE APP은 간단한 번역기 앱이다. 튜토리얼을 건너뛰려면 [START A BLANK PROJECT]를 클릭해서 새 프로젝트를 만들거나 [CLOSE]를 클릭해서 일단 닫으면 된다. 일단 HELLO PURR 아래의 [GO TO TUTORIAL]을 클릭해서 튜토리얼을 실행해 보도록 한다.

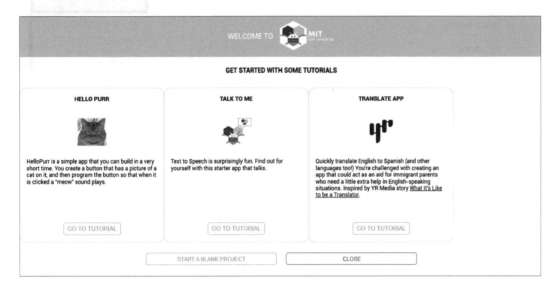

[그림 2-5] 튜토리얼 실행

6) 다음과 같이 My Projects 창이 뜨는데 잠시 기다리거나 HelloPurr를 클릭하면 앱이 로드된다.

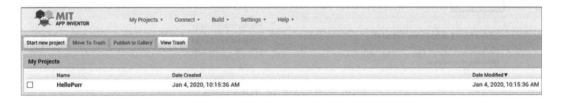

[그림 2-6] HelloPurr 앱 로드

만약 튜토리얼 창을 닫아버렸을 경우에는 앱 인벤터 상단의 메뉴에서 Help - Tutorials를 클릭한다.

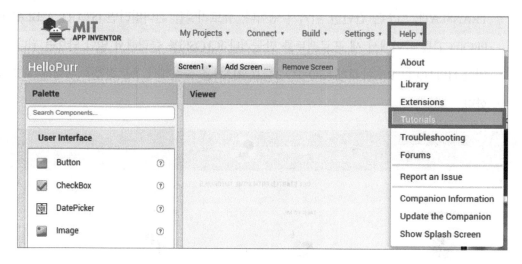

[그림 2-7] 튜토리얼 창 열기

튜토리얼 페이지에서 스크롤을 내리다 보면 "Hello Purr"가 보이는데 [Link to Tutorial]을 클릭한다.

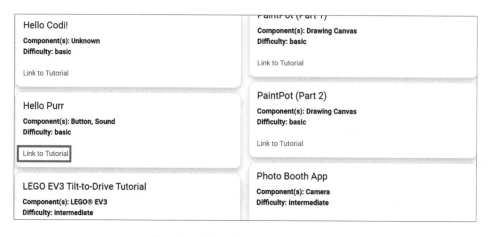

[그림 2-8] Link to Tutorial 메뉴

이 앱을 어떻게 작성하고 어떤 동작이 구현되는지 설명이 나오는데 맨 아래로 스크롤한 다음 Download Source Code 항목에서 source code 링크를 클릭하면 "HelloPurr.aia"라는 파일을 다운로드할 수 있다.

[그림 2-9] 파일 다운로드

앱 인벤터 상단의 메뉴에서 [My Projects] - [Import project(.aia) from my computer ...]를 클릭한다. 참고로 [Export selected project(.aia) to my computer]는 현재 작성한 앱 인벤터 프로젝트를 aia라는 확장자를 가진 파일로 컴퓨터에 저장한다.

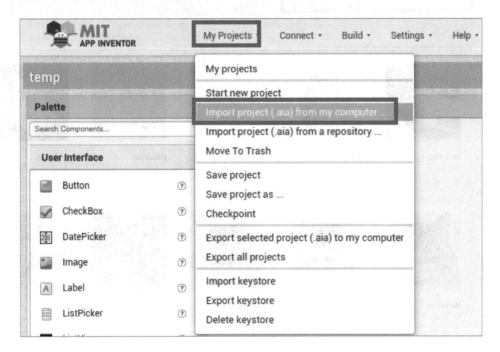

[그림 2-10] 프로젝트 Import 메뉴

파일 선택 버튼을 클릭해서 다운로드 경로에서 파일을 선택한 다음 OK 버튼을 누르면 앱이 로드된다.

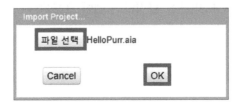

[그림 2-11] Import 파일 선택 창

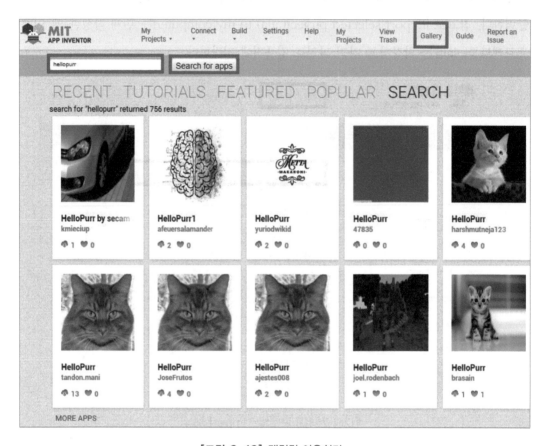

[그림 2-12] 갤러리 이용하기

아무 앱이나 선택해서 [OPEN THE APP]을 클릭한 다음 혹시 같은 Project name이 이미 존재한다면 이름을 변경하고 OK 버튼을 클릭하면 앱이 로드된다.

[그림 2-13] 갤러리 프로젝트 추가

7) 초기 화면은 아래와 같으며 이 화면에서 앱의 유저 인터페이스를 설계하게 된다. 이 화면
은 컴포넌트 디자이너(Component Designer)라고 하는데, 우측 상단의 버튼에는 줄여서
[Designer]라고 표시되어 있다.

[그림 2-14] 갤러리의 프로젝트가 추가된 화면

8) 우측 상단의 [Blocks]를 클릭해 본다.

[그림 2-15] Blocks 메뉴

9) 다음과 같은 화면이 나타나는데 이 화면에서는 앱의 동작을 블록에 의해 설정할 수 있다. 이 화면은 블록 에디터(Blocks Editor)라고 하는데, 우측 상단의 버튼에는 줄여서 Blocks라고 표시되어 있다.

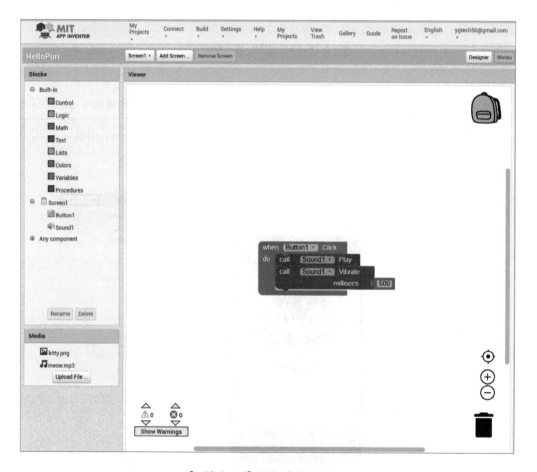

[그림 2-16] 블록 에디터 화면

10) 블록 에디터에는 다음과 같이 하나의 명령어 블록만 존재하는데 이 명령어 블록은 Button1을 클릭(Click)했을 때(When) Sound1을 Play하고 500 millisec 동안 진동(Vibrate)하

라는 뜻이다. 앱 인벤터의 블록은 이렇게 어떤 이벤트가 발생했을 때 어떤 동작을 실행하는지 직관적으로 알아볼 수 있게 구성된다.

컴포넌트 디자이너와 블록 에디터 내의 각 항목들이 갖는 의미와 역할, 블록의 기능에 대해서는 Ch. 3부터 설명하도록 하겠다.

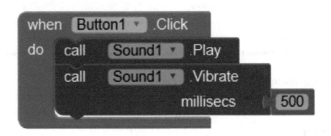

[그림 2-17] 컴포넌트 디자이너

앱 인벤터는 앱을 개발하면서 실시간으로 테스트할 수 있는 기능을 제공한다. 앱 인벤터 상단의 메뉴 중 [Connect]의 하위 메뉴인 AI Companion, Emulator, USB가 그것이다.

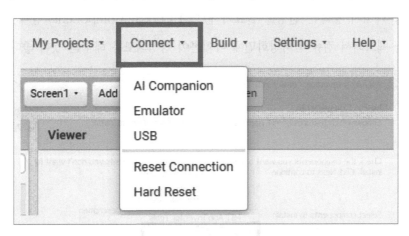

[그림 2-18] 실시간 테스트 메뉴

Tip. 에뮬레이터 다운로드하기

http://appinventor.mit.edu/explore/ai2/windows에서 [Download the installer]를 클릭해서 설치 파일을 다운로드한 다음 실행해서 설치한다.

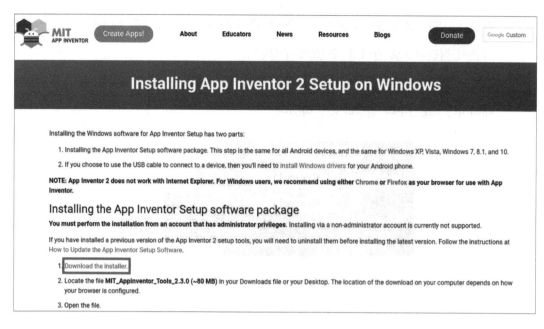

[그림 2-19] 에뮬레이터 다운로드

설치 도중 나머지 항목은 변경할 필요가 없으나 Choose Components 창에서는 Desktop Icon 버튼을 체크해서 컴퓨터 바탕화면에 아이콘이 생성되도록 해주는 것이 좋다.

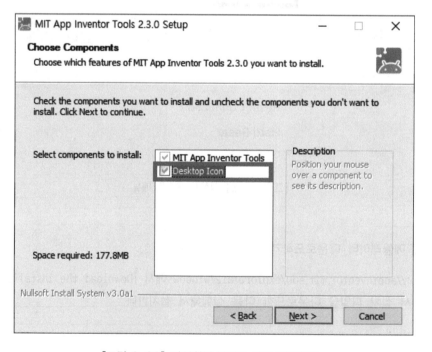

[그림 2-20] 바탕화면 아이콘 생성 대화상자

설치가 끝나면 바탕화면에는 아래와 같이 aiStarter라는 이름의 아이콘이 생성된다.

[그림 2-21] 에뮬레이터 아이콘

바탕화면에 생성된 그림 2-21의 에뮬레이터 아이콘(aiStarter)을 실행하면 그림 2-22와 같은 창이 뜬다.

```
선택 aiStarter                                    ─   □   ×
Platform = Windows
AppInventor tools located here: "C:\Program Files (x86)"
Bottle server starting up (using WSGIRefServer())...
Listening on http://127.0.0.1:8004/
Hit Ctrl-C to quit.
```

[그림 2-22] 에뮬레이터 실행창

만약 설치를 마쳤는데 아이콘 생성 버튼을 체크하지 않아 바탕화면에 aiStarter 아이콘이 없다면 아래 경로 중 하나에서 aiStarter 파일을 실행시키면 된다.

- 64비트 운영체제 - C:\Program Files (x86)\AppInventor
- 32비트 운영체제 - C:\Program Files\AppInventor

앱 인벤터 상단 메뉴에서 [Connect]-[Emulator]를 선택한 다음 기다린다. 문제는 기다리는 시간이 너무 길고, 컴퓨터의 사용자 이름이나 aiStarter의 설치 경로를 한글로 설정했을 때, 앱에 포함된 사운드 파일의 용량이 클 때 등 오류가 제법 발생하는 불안정한 소프트웨어로 보인다.

또한 Ch. 3부터는 블루투스 통신 연결에 의해 아두이노와 앱 사이에서 데이터를 주고받게 되는데 에뮬레이터로는 테스트가 불가능하므로 다른 방법을 사용하는 것이 좋을 것이다.

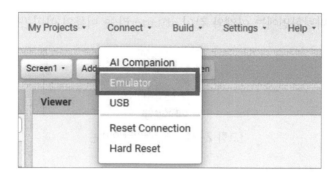

[그림 2-23] 에뮬레이터 메뉴

2.5 AI 컴패니언

AI 컴패니언은 앱을 작성하고 있는 컴퓨터와 안드로이드 기기가 같은 네트워크 내에 있어야 테스트할 수 있다.

우선 안드로이드 기기에서 Play 스토어 앱을 실행한 다음 'MIT AI2 Compainon'으로 검색해서 앱을 설치한다.

그 다음 앱 인벤터 상단의 메뉴 중 [Connect]-[AI Companion]을 선택하면 QR 코드와 6자리의 코드가 나타난다.

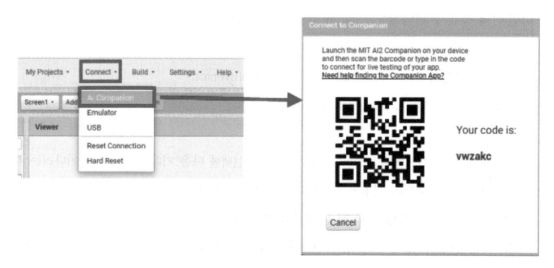

[그림 2-24] AI 컴패니언

안드로이드 기기에서 MIT AI2 Companion 앱을 실행해서 scan QR code를 터치하거나 6자리 코드를 입력한 다음 connect with code를 터치하면 앱이 실행된다. 이제 앱의 컴포넌트나 블록을 수정하면 실시간으로 앱에 반영된다.

2.6 빌드

앱 인벤터는 앱을 빌드해서 안드로이드 패키지 파일인 apk 파일로 만들어 준다. 앱 인벤터 상단의 메뉴 중 [Build]를 선택하면 아래와 같이 2개의 하위 메뉴가 나오는데 [APP (provide QR code for .apk)]는 앱을 빌드해서 apk 파일을 안드로이드 기기로 곧바로 다운로드해서 설치할 수 있고 [APP (save .apk to my computer)]는 앱을 빌드해서 apk 파일을 컴퓨터에 저장할 수 있는 메뉴이다.

[그림 2-25] 앱 빌드

[APP (provide QR code for .apk)]를 선택하면 다음과 같이 진행 바가 나타난다. 진행 바가 100%가 될 때까지 시간이 다소 걸릴 수 있으니 잠시 기다린다.

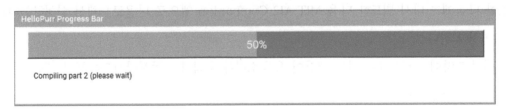

[그림 2-26] 앱 빌드 진행 바

화면에 QR 코드가 뜨면 MIT AI2 Companion 앱을 실행해서 scan QR code 버튼을 터치해서 스캔한다.

[그림 2-27] 앱 다운로드 QR 코드

스캔이 끝나면 다음과 같은 과정을 거쳐 앱을 다운로드해서 권한을 설정한 후 설치하면 된다. 설치를 모두 마친 다음 폰 화면에서 설치된 앱의 아이콘을 찾아 실행시킨다.

당연한 말이지만 Companion, Emulator와 달리 이 경우에는 앱 인벤터에서 앱을 수정하더라도 안드로이드 기기의 앱에는 수정 내용이 반영되지 않는다. 그러므로 앱 인벤터로 앱을 수정한 다음에는 다시 빌드한 다음 MIT AI2 Companion 앱으로 다운로드해서 설치하는 과정을 거쳐야 한다.

이제 고양이 그림을 터치하면 고양이 울음소리가 출력되고 동시에 0.5초 동안 진동이 울리는 것을 확인할 수 있다.

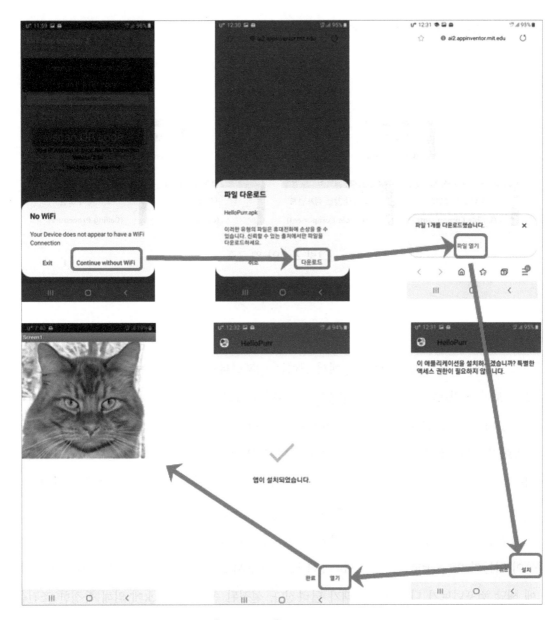

[그림 2-28] 앱 실행 과정

앱을 컴포넌트와 기능이라는 부분으로 나누어 살펴보면 앱의 내부 구조를 이해하는 데 도움이 된다. 앱 인벤터에서 이 두 부분은 Designer(디자이너)와 Block(블록)에서 구현한다. 디자이너에서는 화면을 구성하는 컴포넌트를 구성하고 블록에서는 터치나 드래그, 외부 이벤트 발생 시 컴포넌트가 처리할 기능을 지정한다.

아래 [그림 2-29]는 앱의 구조를 보여준다.

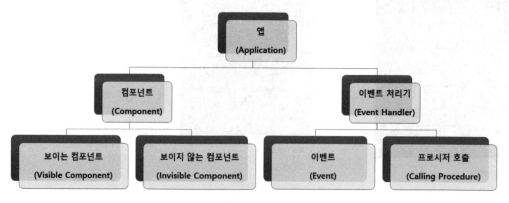

[그림 2-29] 앱 구조

1) 컴포넌트

앱 인벤터의 컴포넌트는 앱 화면에서 보이는 컴포넌트와 보이지 않는 컴포넌트로 나눌 수 있다. 보이는 컴포넌트는 앱을 실행했을 때 화면에 나타나는 것으로서 버튼, 텍스트, 이미지 등이 있다. 이 컴포넌트들로 사용자 인터페이스를 만들게 된다.

보이지 않는 컴포넌트는 앱 화면에는 나타나지 않으며 앱 프로그래머가 안드로이드 기기의 기능들을 사용할 수 있도록 한다. 가령 문자 메시지를 주고받거나 현재의 위치를 알아내거나 블루투스 통신 연결을 접속 및 해제하는 일 등이 여기에 속한다.

컴포넌트는 Properties(속성)를 가진다. 속성은 컴포넌트의 각종 정보를 설정할 수 있다. 예를 들어 버튼의 Properties에서 Width(폭), Height(높이), Alignment(정렬)의 값을 변경하면 앱 화면에 해당 컴포넌트가 나타나는 형태가 달라진다. 설정된 속성은 Block에 의해 특정한 조건을 만족했을 때 변경될 수도 있다.

아래 그림은 버튼 컴포넌트의 속성 값을 설정하는 화면이다.

Properties
Button1
BackgroundColor
■ Default
Enabled
☑
FontBold
☐
FontItalic
☐
FontSize
14.0
FontTypeface
default ▾
Height
Automatic...
Width
Automatic...
Image
None...
Shape
default ▾
ShowFeedback
☑
Text
Text for Button1
TextAlignment
center : 1 ▾
TextColor
■ Default
Visible
☑

[그림 2-30] 버튼 컴포너트 속성

버튼 컴포넌트에는 여러 가지 속성이 있다. 예를 들어 BackgroundColor, TextColor는 각각 버튼의 바탕 색상과 버튼에 표시되는 텍스트의 색상이고, Font로 시작하는 항목은 글꼴을 설정하는 속성이다.

그 외에 버튼의 높이, 폭, 버튼에 적용될 이미지, 버튼의 형태 등의 속성을 설정할 수 있다. Designer 화면에서 속성을 변경하면 초깃값이 결정된다. 초깃값은 말 그대로 앱이 실행됐을 때 사용되는 값으로서 Block에서 속성 값을 변경하면 앱이 실행되는 도중에 값을 변경할 수 있다.

가령 현재 바탕 색상은 검은색이고 버튼의 가운데에는 "Text for Button1"이라는 텍스트가 표시되어 있는데, 사용자가 버튼을 누르면 버튼의 바탕 색상이 빨간색으로 바뀌고 표시되는 텍스트가 "클릭됨"으로 변경되도록 만들 수 있다.

2) 동작

앱 인벤터에서 컴포넌트를 디자인하는 것은 비교적 쉬운 일이다. 원하는 컴포넌트를 화면에 드래그&드롭해서 넣고 속성의 값을 변경하면 되기 때문이다. 앱의 기능을 구현하는 것은 그보다는 어렵고 복잡한 일이다. 앱 사용자가 버튼을 누르거나 블루투스 통신에 의해 값이 전송되는 등의 이벤트가 발생했을 때 앱이 그 이벤트에 대응하는 기능을 수행하는 것을 동작이라 한다.

앱 인벤터에서는 프로그래머가 직접 소스 코드를 타이핑해야 하는 C/C++, Java 등의 프로그래밍 언어와 달리 블록을 끼워 맞춤으로써 각종 동작을 지정한다. 앱 인벤터의 기본 실행 단위는 이벤트 처리기이다.

이벤트가 발생하면 앱에서는 이벤트 처리기를 자동적으로 호출한다. 그러므로 앱 인벤터 프로그래밍에서 가장 먼저 할 일은 필요한 이벤트 처리기 블록을 선택해서 드래그&드롭하는 것이다. 이벤트 처리기는 아래 그림과 같이 각 서랍(Drawer)의 맨 위에서 선택할 수 있으며 대부분 금색으로 표시되어 다른 블록들과 구분된다.

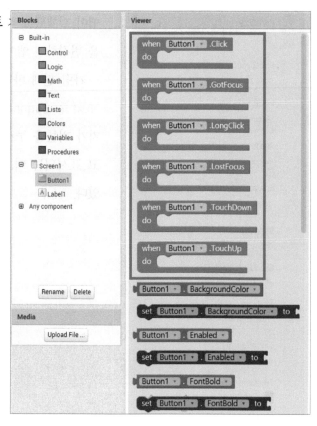

[그림 2-31] 이벤트 처리기 블록

예를 들어 아래의 이벤트 처리기는 앱에서 Button1이라는 이름의 버튼을 클릭(Click)했을 때 (When) 할(do) 동작을 지정할 수 있다는 것을 직관적으로 알 수 있을 것이다. 이벤트 처리기는 do 옆에 홈이 있는데, 해당 이벤트가 발생했을 때의 동작은 이 홈에 끼워 넣음으로써 구현할 수 있다.

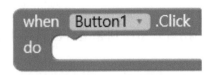

[그림 2-32] Click 이벤트 처리기 블록

가령 아래 그림과 같이 블록을 끼워 넣었다면 이 명령어는 Button1이라는 이름의 버튼을 클릭(Click)했을 때(When) Label1이라는 이름의 레이블에 표시되는 Text를 "클릭됨"이라는 문구로 설정(set)하는 동작을 할(do) 것이다. 이벤트 처리기는 이러한 방식으로 해당 이벤트에 대응하는 동작을 구현한다.

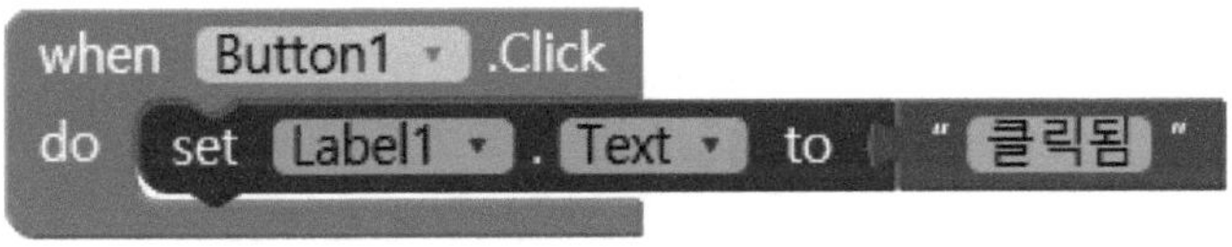

[그림 2-33] 레이블 표시

앱 인벤터의 이벤트는 사용자에 의해 발생되는 이벤트(User-initieated Event)와 자동 이벤트 (Automatic Event)로 구분될 수 있다. 사용자에 의해 발생되는 이벤트는 버튼을 클릭하거나 드래그 하는 등 사용자가 앱 화면을 조작했을 때 발생된다. 또한, 사용자가 안드로이드 기기를 기울여 서 내장된 기울기 센서의 값이 변경되었을 경우 등 각종 센서에 의해 발생될 수도 있다.

자동 이벤트는 여러 가지가 있는데, 앱이 실행되었을 때, 앱 화면에서 움직이는 도형이 경계 에 도달했을 때, 폰에 문자가 왔을 때, 또는 어떤 동작을 주기적으로 계속해서 실행해야 할 때 등이 있다.

모든 앱은 특정한 이벤트가 발생했을 때 수행할 동작을 지정하는 이벤트 처리기의 집합이다.

앱을 실행했을 때 화면을 초기화하는 이벤트 처리기, 사용자가 화면을 조작하거나 센서 값 을 변경했을 때 처리할 동작을 지정하는 이벤트 처리기, 특정한 동작을 주기적으로 실행하는 이벤트 처리기, 그 외에 발생할 가능성이 있는 이벤트에 대응하는 명령들이 지정된 이벤트 처리기들의 집합이라고 할 수 있겠다.

3) 내장 블록(Built-in Blocks)

앱 인벤터에서 기본적으로 제공하고 있는 내장 블록은 다음과 같이 8가지로 구분될 수 있다.

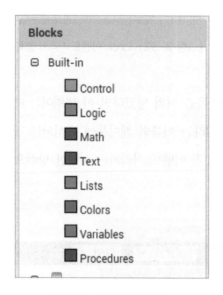

[그림 2-34] 내장 블록

Control 서랍에는 if~then, for each, while, 현재 앱 화면 닫기 등의 기능을 구현할 수 있는 블록들이 들어 있다.

Logic 서랍에는 조건 블록에서 사용되는 참, 거짓, =, not, and, or 등의 논리 연산자 역할을 하는 블록들이 들어 있다.

Math 서랍은 사칙연산, 루트, 절댓값 등 수학 연산 블록이며 Lists 서랍은 가령 문자열을 나누거나 앱 화면에서 클릭된 픽셀의 색깔을 읽거나 변경하는 등 다양한 동작에 사용될 수 있는 블록이 있다.

Colors 서랍에는 앱 화면에 포함된 컴포넌트의 색깔을 변경하는 데 사용할 수 있는 블록이 포함되어 있다.

Variables 서랍에는 컴포넌트의 속성과 연관이 없는 값을 따로 저장할 필요가 있을 때 사용되는 전역변수와 이벤트 처리기에서 자동으로 생성되며 해당 이벤트 처리기 내에서만 사용되는 지역변수의 값을 설정하고 읽고 변경하는 데 사용되는 블록들이 있다.

Procedures 서랍에는 C/C++, Java 등 다른 프로그래밍 언어의 함수와 동일한 기능을 갖는 블록들이 있다.

4) 변수

앱 인벤터에서 변수는 컴포넌트의 속성과 직접 관련이 없는 값을 저장하거나 불러와야 할 때 사용된다. 가령 Canvas1과 Canvas2라는 2개의 Canvas 컴포넌트가 있다고 할 때 Canvas1의 색깔을 Color라는 이름을 가진 변수의 값으로 설정하고 Color의 값을 Canvas2에서도 사용해야 할 때 사용된다.

변수는 내장 블록의 Variables 서랍에서 선택할 수 있는데 다음과 같이 5가지 블록이 있다.

[그림 2-35] Variables 서랍

(1) 전역변수

전역변수는 다음과 같이 initialize global name to 블록에 의해 생성되어 초깃값을 설정하여 선언한다.

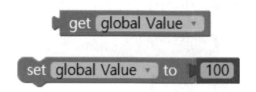

[그림 2-36] 전역변수와 초기 값

이렇게 변수를 선언하면 Value라는 이름을 가진 메모리 공간을 차지하도록 하고 그 공간에 0이라는 값을 저장하게 된다. 초깃값은 반드시 숫자일 필요는 없으며 텍스트나 리스트로 설정할 수도 있다. 또한, 변수의 이름과 값은 앱 화면에는 표시되지 않고 오로지 연산 과정에서만 사용된다.

일단 선언된 변수는 그 값을 읽어들일 수도 있고 변경할 수도 있다. 아래 그림에서 get global 블록은 변수의 값을 읽어서 사용하도록 만들어 주며, set global 블록을 사용하면 변수의 값을 변경할 수 있다.

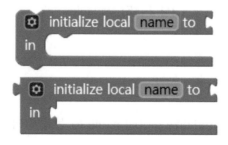

[그림 2-37] 전역변수 값 변경

(2) 지역변수

전역변수는 Blocks 내의 모든 이벤트 처리기와 프로시저에서 값을 읽거나 변경할 수 있다. 반면 지역변수는 해당 변수가 선언된 이벤트 처리기 또는 프로시저 내에서만 값을 읽거나 변경할 수 있다.

다음과 같은 블록을 사용하면 지역변수를 선언할 수 있다.

[그림 2-38] 지역변수 선언 블록

2개의 블록은 홈의 위치만 다를 뿐 동일한 기능을 갖는다. 그러므로 아래 그림과 같이 이벤트 처리기나 프로시저 블록의 홈을 확인하고 2개의 블록 중 하나를 끼워 넣으면 된다.

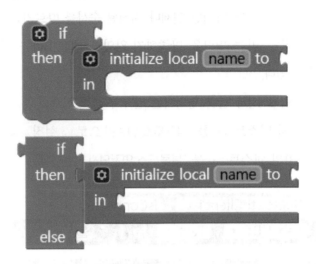

[그림 2-39] 지역변수 블록 활용 방법

또한, 몇몇 이벤트 처리기에는 이름 아래에 분홍색 바탕에 검은색으로 텍스트가 표시되어 있을 수가 있는데 이것은 해당 텍스트의 이름을 가진 지역변수를 자동으로 선언한다는 뜻이다.

아래 그림 2-40에서 when Canvas1.TouchDown 이벤트 처리기를 삽입하면 x, y라는 2개의 지역변수가 선언되며, 이것은 Canvas1이라는 이름의 캔버스 공간에서의 x 좌표, y 좌표를 의미한다. 캔버스 공간이라는 개념에 대해서는 나중에 다시 설명하도록 하겠다.

[그림 2-40] 지역변수 x, y를 갖는 캔버스

다른 프로그래밍 언어와 만찬가지로 어떤 변수가 절대 다른 이벤트 처리기나 프로시저에서 사용될 가능성이 없다는 확신이 있다면 지역변수로 선언하는 습관을 갖는 것이 좋다. 만약 전역변수로 선언했다가 혹시라도 실수로 다른 이벤트 처리기나 프로시저에서 변수의 값을 변경하거나 하면 예기치 못한 오류가 발생할 수 있기 때문이다.

5) 조건 블록

앞에서 이미 이야기했듯이 앱에서는 이벤트가 발생하면 이벤트 처리기에 연결된 프로시저를 지정된 순서에 의해 호출한다. 하지만 언제나 지정된 순서를 따르기만 하는 것은 아니며 특정 조건을 만족했을 때는 A라는 명령을, 만족하지 않았을 때는 B라는 명령을 수행하도록 만들어야만 하는 경우도 있다.

예를 들면, 아래 [그림 2-41]과 같은 명령어는 블루투스 통신(BluetoothClient1)이 연결되었을 때(IsConnected)는 Label_BT의 텍스트(Text)를 "블루투스 연결됨"으로(to) 설정(set)하고 연결되어 있지 않았을 때(else)는 Label_BT의 텍스트(Text)를 "블루투스 연결되지 않음"으로(to) 설정(set)한다.

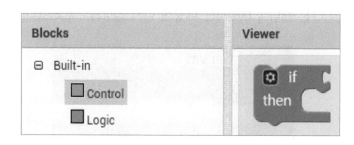

[그림 2-41] 블루투스 통신 연결 블록

이것을 조건문이라고 하는데 앞서 설명한 아두이노 스케치의 if문과 동일한 동작을 수행한다. 앱 인벤터에서 조건 블록의 명칭은 if~then 블록이며 Control 서랍 내에 들어 있다.

[그림 2-42] Control 서랍

또한, 설정 아이콘(⚙)을 클릭함으로써 if~then~else 블록, if~then~else if~then~else 블록 등 여러 개의 조건의 참-거짓 여부를 검사하도록 확장할 수도 있다.

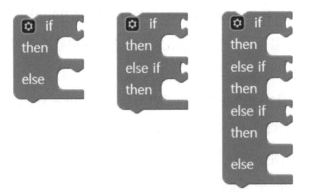

[그림 2-43] if 블록

if~then 블록의 우측 홈에는 관계 연산자나 논리 연산자를 이용해서 불린 식을 만들어 조건식을 구성한다. 불린 식이란 연산의 결과가 참(True, T) 또는 거짓(False, F) 중 하나인 수식을 의미한다. 아래 그림 2-44에서 파란색 블록은 내장 블록의 Math 서랍에 들어 있는 관계 연산자이며 녹색 블록은 Logic 서랍에 들어 있는 논리 연산자이다.

[그림 2-44] Math 서랍과 Logic 서랍

예를 들면 아래 그림 2-45와 같이 블록을 끼워 넣으면 만약(if) 전역변수 Value(global Value)의 값을 읽어 들인 다음(get) 0보다 작다(<), 또는(or) 100보다 크다(>)면 그때에는(then) Label1의 텍스트(Text)를 "범위를 벗어남!"으로(to) 설정(set)한다.

[그림 2-45] if 블록을 이용한 범위 비교

지금까지 살펴본 블록들은 then이나 else 우측의 홈에 조건의 참·거짓 여부에 따라 수행되는 명령문을 구성하는 블록이 끼워져 있었는데, 이 홈에는 다음과 같이 또 다른 if~then 블록이나 반복문 블록 등을 끼울 수도 있다.

아래 [그림 2-46]과 같이 블록을 끼워 넣으면 만약(if) 전역변수 Value(global Value)의 값을 읽어들인 다음(get) 0보다 작다(‹), 또는(or) 100보다 크다(›))면 그때에는(then) Label1의 텍스트(Text)를 "범위를 벗어남!"으로(to) 설정(set)한다.

그 다음 만약(if) 전역변수 Value(global Value)의 값을 읽어들인 다음(get) 50과 같다(=)면 그때에는(then) Canvas1의 배경 색깔(BackgroundColor)을 붉은색으로(to) 설정(set)한다.

[그림 2-46] if 블록을 이용한 중첩 조건문

이렇게 조건문 내에 조건문이 또 들어가 있는 것을 중첩 조건문이라 부른다.

6) 반복 블록

어떤 이벤트가 발생했을 때 수행할 명령을 여러 번 반복하거나 특정 조건을 만족할 때까지 계속해서 반복해야 할 경우가 있다. 본 교재에서는 반복 블록을 사용하는 앱이 없으므로 간략하게 설명하겠다.

반복 블록은 if~then 블록과 마찬가지로 Control 서랍에 들어 있는데 for each와 while do 블록이 그것이다.

for each 블록은 다음과 같이 구성된다.

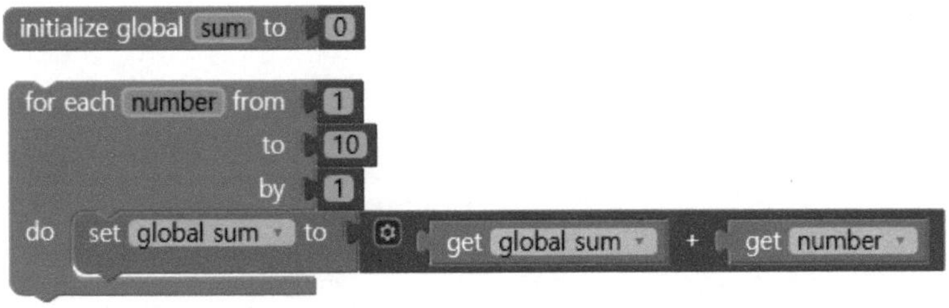

initialize global (sum) to (0)

for each (number) from (1)
        to (10)
        by (1)
do set global sum ▾ to [get global sum ▾] + [get number]

[그림 2-47] for each문 예

여기에서 number는 변수 파트에서 이미 이야기했듯이 for each 블록을 삽입하면 자동으로 생성되는 지역변수이다.

do 우측 홈에 끼워진 블록들은 반복해서 실행해서 실행되는데, 실행될 때마다 지역변수 number의 값은 1부터(from) 시작해서 10까지(to) 1씩(by) 증가된다. 그러므로 이 명령어는 do 우측 홈의 명령어를 총 10회 반복 실행하게 된다.

아래의 소스 코드와 마찬가지로 전역 변수 sum의 최종 값은 1부터 10까지의 정수를 모두 더한 값인 55가 된다.

```
1  int sum = 0;
2  for(int i=1; i<=10; i++)
3      sum = sum + i;
```

위에서 구현한 1부터 10까지의 정수를 모두 더한 값을 구하는 명령어를 while do 블록을 이용해 구현하면 다음과 같다.

[그림 2-48] while do 블록을 이용한 합계 구하기

```
1    while(i <= 0) {
2        sum = sum + 1;
3        i = i + 1;
4    }
```

7) Canvas 컴포넌트

Canvas 컴포넌트는 앱 화면상에 도형을 그리거나 색깔을 변경하는 등의 동작을 위해 사용된다. 또한, ImageSprite 컴포넌트와 함께 도형이나 그림의 이동, 회전 등 애니메이션을 구현하는 데에도 사용된다.

(1) 캔버스 컴포넌트 좌표계

캔버스 컴포넌트를 다루기 위해서는 픽셀을 이해할 필요가 있다. 픽셀이란 화면을 구성하는 가장 작은 사각형을 의미하며 가령 해상도가 1920×1080이라면 수평으로 1920개, 수직으로 1080개의 픽셀에 의해 구성된다는 뜻이다. 캔버스는 2차원이므로 캔버스의 좌표계는 픽셀의 x 좌표와 y 좌표에 의해 위치가 지정되며 (x, y)의 형태로 표시한다. 아래 [그림 2-49]는 300×300의 해상도를 가진 캔버스의 좌표계이다.

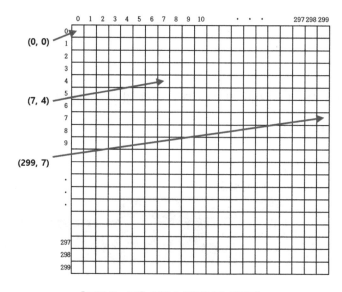

[그림 2-49] 캔버스 컴포넌트 좌표계

(2) 캔버스 컴포넌트 좌표계를 위한 블록 구성

아래 그림 2-50과 같이 블록을 삽입하면 Canvas1을 터치했을 때 캔버스에서 터치한 픽셀의 좌표(예를 들어 캔버스 가운데를 정확히 터치했을 경우 (149, 149))로 하고 반지름이 100인 원을 그리며 원 내부의 색깔을 빨간색으로 칠해 준다.

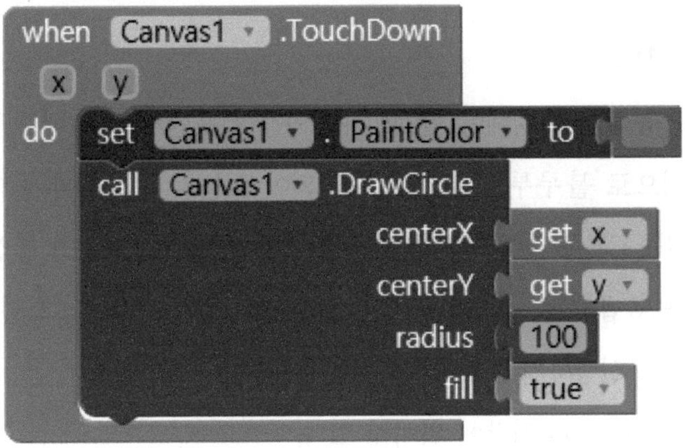

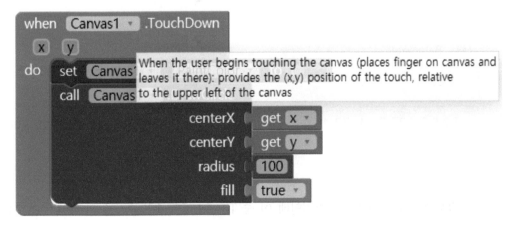

[그림 2-50] 캔버스 컴포넌트 터치 블록 예

Tip. 마우스 커서를 블록 위에 놓고 잠시 기다리면 아래 그림과 같이 해당 블록이 어떤 기능을 갖는지 툴팁이 등장한다.

[그림 2-51] 툴팁

디자이너 화면에서 캔버스 컴포넌트에는 Drawing and Animation 서랍에 들어 있는 Ball 이나 ImageSprite 컴포넌트를 추가로 배치해서 애니메이션 효과를 만들 수 있다. Ball 컴포넌트는 공 모양의 도형에 애니메이션 효과를 적용시킬 수 있고 ImageSprite 컴포넌트는 이미지 파일을 업로드해서 어떤 모양이건 애니메이션 효과를 적용시킬 수 있다. Ball, ImageSprite 컴포넌트 모두 캔버스 컴포넌트 위로 드래그 & 드롭해야만 사용할 수 있다.

8) Clock 컴포넌트

주기적으로 어떤 동작을 실행해야 할 때 사용되는 컴포넌트이다. 예를 들면, 앞으로 만들게 될 앱에서는 주기적으로 블루투스 통신이 연결되어 있는지 검사해야 한다. 이를 위해 Ch. 3 이후의 모든 앱에서는 Clock 컴포넌트를 이용해 주기적으로 블루투스 통신 연결 여부를 검사해서 연결되어 있다면 앱의 동작을 실행하고, 연결되어 있지 않다면 그 사실을 레이블에 의해 출력하고 앱의 동작은 실행하지 않도록 할 것이다.

Clock 컴포넌트는 Sensors 서랍에 위치해 있다.

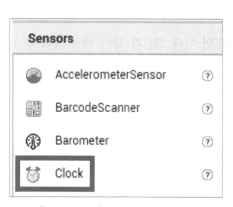

[그림 2-52] Clock 컴포넌트

[그림 2-53] Clock 컴포넌트 속성

Clock 컴포넌트의 속성은 단 3가지인데 이 중 TimerInterval은 주기를 의미한다. 초깃값은 1000으로 설정되어 있으며 단위는 ms(밀리 초)이다. 그러므로 [그림 2-53]과 같이 TimerInterval을 100으로 설정하면 0.1초마다 Clock 컴포넌트에 연결된 명령어 블록이 실행된다.

9) List 컴포넌트

하나의 변수에는 단 한 가지의 자료만 저장할 수 있다. 그러므로 아주 많은 수의 자료를 다뤄야 하는 프로그램을 만들어야 할 때에는 자료의 수만큼 변수를 선언해야 할 것이다. 가령 10개의 정수 값을 다뤄야 할 때 아래와 같은 방식으로 변수를 선언한 다음 프로그램을 만드는 것은 대단히 불편한 일이다.

```
int num1, num2, num3, num4, … num8, num9, num10;
```

대부분의 프로그래밍 언어에서는 하나의 변수에 여러 개의 값을 저장할 수 있는 기능을 제공하는데 보통 이런 변수를 배열(array)라고 한다. 가령 C/C++ 언어 등에서 10개의 정수 값을 저장할 수 있는 배열은 다음과 같이 선언하면 된다.

```
int num[10];
```

위와 같이 선언된 배열은 다음과 같이 10개의 값을 저장할 수 있는 형태를 가진다.

인덱스	0	1	2	3	4	5	6	7	8	9	10
저장 공간											
이름	num[0]	num[1]	num[2]	num[3]	num[4]	num[5]	num[6]	num[7]	num[8]	num[9]	num[10]

[그림 2-54] 배열의 예

이렇게 배열을 선언한 다음에는 각 저장 공간에 저장되어 있는 값을 읽거나 쓸 수 있다. 예를 들어 3번 인덱스에 저장된 값을 읽어 들여서 i라는 정수형 변수에 저장하려면 아래와 같이 선언하면 된다.

```
int i = num[3];
```

6번 인덱스에 10이라는 값을 저장하려면 아래와 같이 입력하면 된다.

```
num[6] = 10;
```

배열의 모든 인덱스에 한꺼번에 값을 저장하려면 아래와 같이 입력하면 된다.

num[ ] = {1, 3, 5, 7, 9, 11, 13, 15, 17, 19};

앱 인벤터에서도 배열과 거의 같은 기능을 제공하는데, 명칭은 list(리스트)이다.

make a list 블록은 리스트를 만들어서 초기화하는 용도로 사용된다.

이 블록을 사용할 때는 다음과 같이 미리 전역 또는 지역 변수를 선언한 다음 그 오른쪽에 리스트의 각 인덱스를 초기화할 값이 온다.

[그림 2-55] List 컴포넌트

[그림 2-56] List 컴포넌트 예

[그림 2-57] select list item블록

select list item 블록은 리스트의 각 인덱스에 저장된 값을 읽어 들이는 용도로 사용된다. 이 블록을 사용할 때는 다음과 같이 리스트 형식으로 저장된 변수와 읽어 들일 값이 저장된 인덱스를 지정한다.

대부분의 프로그래밍 언어에서는 배열의 인덱스가 0부터 시작하는 것과 달리 리스트의 인덱스는 1부터 시작된다는 사실에 유의해야 한다. 그렇기 때문에 아래 명령어 블록에 의해 Label1에 저장되는 값은 9가 된다.

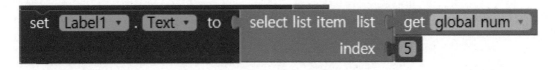

[그림 2-58] 리스트 서랍 예

리스트 서랍에는 이외에도 리스트에 항목을 추가, 교체, 삭제하거나 분할, 결합하는 등 다양한 기능을 가진 블록들이 있다. 리스트는 배열과 마찬가지로 여러 개의 자료를 관리하는 용도로 사용된다. 그뿐만 아니라 앱 인벤터에 의해 문자열을 다루거나 RGB 코드에 의해 색깔을 표현하는 등의 기능을 구현할 때 반드시 필요하다.

Chapter

03

블루투스 통신에 의한
데이터 송수신

03 블루투스 통신에 의한 데이터 송수신

3.1 필요한 부품

순번	부품형태	부품명
1		아두이노 UNO R3
2		브레드보드 (830 Tie Points)
3		블루투스 모듈 (HC-05 혹은 HC-06)

3.2 배경 지식

블루투스(Bluetooth)는 1994년 에릭슨이 제안한 개인 근거리 무선 통신(PAN, Personal Area Network) 표준이다. RS-232 유선 통신을 대체하기 위한 목적으로 개발되었으며 10m 이내의 근거리 통신이 가능하다.

블루투스는 누구나 다양한 기기들을 안전하게, 그리고 저렴한 비용으로 이용할 수 있도록 전파 사용 허가가 필요하지 않은 2.4GHz ISM 대역을 사용한다. 참고로 WiFi, ZigBee 등도 ISM 대역을 사용한다.

블루투스 통신은 응용 분야에 따라 여러 가지 프로파일(profile)이 존재하는데, 여기서 프로파일이란 블루투스와 기기 사이의 통신 방식을 정의하는 규약을 의미한다.

블루투스 모듈에 구현된 프로파일의 종류에 따라 기능이 다르며, 본 교재에서 사용할 HC-05 또는 HC-06 모듈은 시리얼 통신을 위한 SPP(Serial Port Profile)이 구현되어 있어 RS-232 시리얼 통신을 대체할 수 있다.

이 장에 나올 스케치에서 블루투스 모듈에 의해 전송되는 데이터와 시리얼 모니터에 의해 전송되는 데이터를 다루는 방식이 똑같은 것을 확인할 수 있을 것이다.

3.3 아두이노 보드와 부품 연결

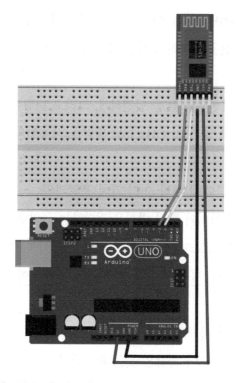

[그림 3-1] 아두이노 보드와 블루투스 부품 연결

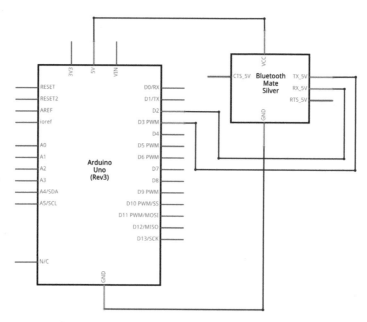

[그림 3-2] 아두이노 우노와 블루투스 부품 회로도

3.4 아두이노 스케치

```
1   #include <SoftwareSerial.h>
2
3   int bluetoothTx = 2;
4   int bluetoothRx = 3;
5
6   SoftwareSerial bluetooth(bluetoothTx, bluetoothRx);
7
8   void setup()
9   {
10    Serial.begin(9600);
11    delay(100);
12    bluetooth.begin(9600);
13  }
14
15  void loop()
16  {
17    if(bluetooth.available())
18    {
19      Serial.print("Received value : ");
20      Serial.write(bluetooth.read());
21      Serial.println();
22    }
23
24    if(Serial.available())
25    {
26      byte data = Serial.read();
27      bluetooth.write(data);
28    }
29  }
```

```
1    #include <SoftwareSerial.h>
```

1 : SoftwareSerial은 시리얼 통신을 소프트웨어적으로 실행할 수 있도록 해주는 라이브러리로서 아두이노에 포함되어 있다. 이 라이브러리를 이용해서 블루투스 모듈을 아두이노의 디지털 핀에 연결함으로써 시리얼 통신이 가능하다.

```
3    int bluetoothTx = 2;
4    int bluetoothRx = 3;
```

3, 4 : 블루투스 모듈에서 아두이노에 연결되는 핀 번호를 정의. Tx는 2번 핀에, Rx는 3번 핀에 연결한다.

```
6    SoftwareSerial bluetooth(bluetoothTx, bluetoothRx);
```

6 : 위와 같이 SoftwareSerial 객체를 만들어야 블루투스 통신에 이용될 시리얼 통신 함수를 사용할 수 있다.

```
8    void setup()
```

8 : setup 함수는 단 한 번 실행되는 명령어들이 포함되는 함수로서 하드웨어 입출력 설정, 통신 속도 설정 등이 포함된다.

```
10    Serial.begin(9600);
11    delay(100);
12    bluetooth.begin(9600);
```

10~12 : 시리얼 모니터를 사용하기 위한 시리얼 포트와 블루투스 모듈을 사용하기 위한 시리얼 포트를 각각 9600bps의 속도로 초기화한다.

```
15    void loop()
```

15 : loop 함수는 무한히 반복되어 실행된다. 아두이노에서 실제로 실행되는 명령어들은 loop 함수 내에 포함된다.

```
17    if(bluetooth.available())
18    {
19      Serial.print("Received value : ");
20      Serial.write(bluetooth.read());
21      Serial.println();
22    }
```

17~22 : bluetooth.available 함수는 블루투스 통신에 의해 송신된 데이터의 바이트 개수를 반환한다. 즉 블루투스 모듈에서 송신된 데이터가 1바이트라면 1, 데이터가 2바이트라면 2가 되며 송신된 데이터가 없다면 0이 된다. 그러므로 이 if문은 송신된 데이터가 있다면 그 데이터를 시리얼 포트에 의해 출력한다는 뜻이다. 앱에서 블루투스 통신에 의해 전송된 값이 아두이노의 시리얼 모니터에 출력된다. [Received value : 값]의 형태로 출력된 다음 행을 바꾼다.

```
24    if(Serial.available())
25    {
26      byte data = Serial.read();
27      bluetooth.write(data);
28    }
```

24~28 : Serial.available 함수는 시리얼 모니터에 의해 송신된 데이터의 바이트 개수를 반환한다. 즉 시리얼 모니터에서 송신된 데이터가 1바이트라면 1, 데이터가 2바이트라면 2가 되며 송신된 데이터가 없다면 0이 된다. 이 명령은 시리얼 모니터에 의해 송신된 데이터가 있다면 그 데이터를 읽어서(Serial.read()) data라는 이름의 바이트형 변수에 저장한 다음 그 data 값을 블루투스 통신에 의해 앱으로 전송한다.

3.5 앱 인벤터 코딩

1) 디자이너

메뉴의 Projects - My projects를 클릭하거나 Start new project를 클릭해서 새로운 프로젝트를 만든다.

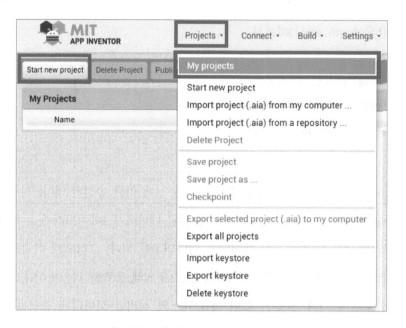

[그림 3-3] 새로운 프로젝트 만들기

프로젝트 이름을 "P00_Send_Receive"로 작성한 다음 OK 버튼을 클릭한다. 프로젝트 이름은 영문, 숫자, 언더 바(_)로 작성해야 하며 한글로는 작성할 수 없다. 또한 프로젝트의 이름은 반드시 영문 알파벳으로 시작되어야 한다.

[그림 3-4] 프로젝트 이름

이것을 어기면 다음과 같이 오류 메시지가 나온다.

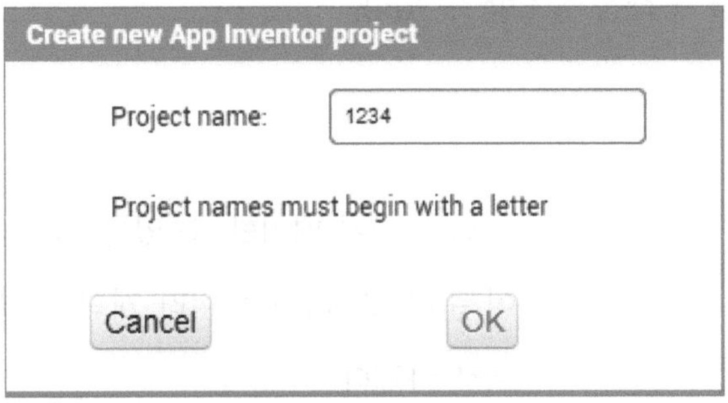

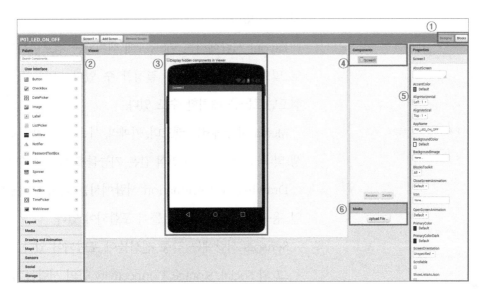

Create new App Inventor project
Project name:
1234
Project names must begin with a letter
Cancel
OK

[그림 3-5] 프로젝트 이름 오류

프로젝트를 생성하면 다음과 같은 초기화면이 보인다.

P01_LED_ON_OFF
Palette
Viewer
Components
Properties
Display hidden components in Viewer
Media
Upload File ...
①
②
③
④
⑤
⑥

[그림 3-6] 프로젝트 생성 초기화면

① Designer / Blocks

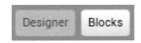

Designer
Blocks

[그림 3-7] Designer / Blocks

Designer를 선택하면 Viewer 화면에 버튼, 그림, 텍스트 등을 삽입하고 배치함으로써 사용

자 인터페이스를 작성할 수 있다. Blocks를 선택하면 비주얼 그래픽 코딩 화면상에서 이벤트가 발생했을 때 처리할 동작을 설정할 수 있다.

② Palette

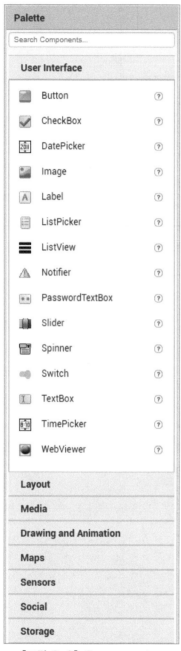

[그림 3-8] Components

Viewer에 배치할 수 있는 컴포넌트들을 목록화하여 보여 준다. Palette는 여러 개의 구역(앞으로는 서랍이라고 부르겠다)으로 나뉜다.

User Interface 서랍에서는 인터페이스 작성에 사용되는 버튼, 슬라이더, 그림, 텍스트 박스, 레이블 등의 컴포넌트를 마우스를 이용해 Viewer로 드래그 & 드롭함으로써 배치할 수 있다.

Layout 서랍에서는 Viewer에 배치되는 컴포넌트들의 가로 및 세로 정렬 방식을 결정할 수 있다. 또한 표 형태로 컴포넌트들을 배치할 수도 있다.

Media 서랍에서는 캠코더, 카메라, 사운드, 동영상 등의 재생 및 녹음/녹화, 음성 인식 같은 기능들을 배치할 수 있다.

Drawing and Animation 서랍에서는 이미지 파일의 삽입, 움직임 등의 컴포넌트들이 포함되어 있다.

Sensors 서랍에는 각종 센서들이 포함되어 있다.

그 외 Social, Storage, Connectivity 등의 서랍들이 있다.

③ Viewer

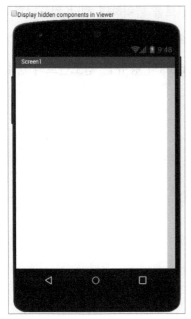

[그림 3-9] Viewer

Palette에서 버튼, 슬라이더, 그림, 텍스트 박스, 레이블 등의 컴포넌트를 드래그&드롭함으로써 앱 화면을 설계할 수 있다. Viewer 화면에 배치된 요소들은 앱에서는 위치가 약간 다르게 디스플레이될 가능성이 크다.

그래서 실제로 안드로이드 기기에 출력되는 화면을 확인하기 위해서는 에뮬레이터나 USB를 통한 라이브 테스트 또는 QR 코드를 통한 다운로드 등의 과정을 거쳐야 한다.

④ Components

[그림 3-10] Components

현재 Viewer에 배치된 컴포넌트들이 어떤 것들이 있고 구조가 어떻게 되어 있는지 표시된다.

⑤ Properties

[그림 3-11] Properties

Viewer에 배치된 컴포넌트를 클릭하면 해당 컴포넌트의 이름, 정렬 방식, 색깔 등 속성의 설정이 가능하다.

설정할 수 있는 Properties의 종류는 컴포넌트의 종류에 따라 다르다.

⑥ Media

[그림 3-12] Media

그림, 사진, 사운드 등의 미디어 파일을 업로드해서 앱에 포함시킬 수 있다.

이제 작성할 앱은 아두이노의 시리얼 모니터에서 입력한 값이 블루투스 통신에 의해 앱에 출력되고, 앱의 버튼을 누르면 지정된 값이 블루투스 통신에 의해 시리얼 모니터에 출력된다.

(1) Arrangement 컴포넌트 배치하기

① Palette에서 User interface의 각종 컴포넌트들을 View에 배치하기 전에 Layout 서랍에 위치한 정렬 컴포넌트들을 먼저 삽입하는 것이 좋다. Layout 서랍의 컴포넌트 중 HorizontalArrangement를 Viewer 화면으로 드래그&드롭한다.

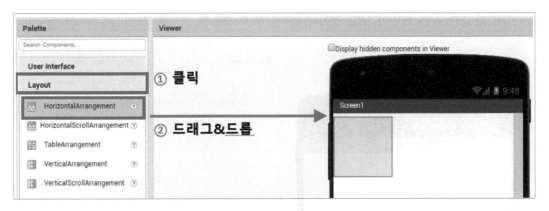

[그림 3-13] HorizontalArrangement Layout 배치하기

② Properties 패널에서 HorizontalArrangement1의 AlignHorizontal 속성을 Center : 3으로, AlignVertical 속성을 Center : 2로 설정한다. 이렇게 설정하면 해당 컴포넌트 내부에 배치되는 모든 컴포넌트들이 가로 방향, 세로 방향 모두 중앙 정렬된다.

③ Height 속성을 30 percent, Width 속성을 Fill parent로 변경해서 높이는 전체 화면의 30%를, 너비는 전체를 차지하도록 만든다. 크기를 조절할 수 있는 컴포넌트들은 Height, Width 속성 모두 Automatic, Fill parent, pixels, percent의 4가지 중 하나로 설정할 수 있다.

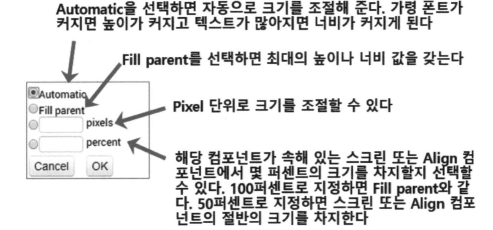

[그림 3-14] HorizontalArrangement Height 기본 속성 지정

이제 다음과 같은 화면이 보일 것이다.

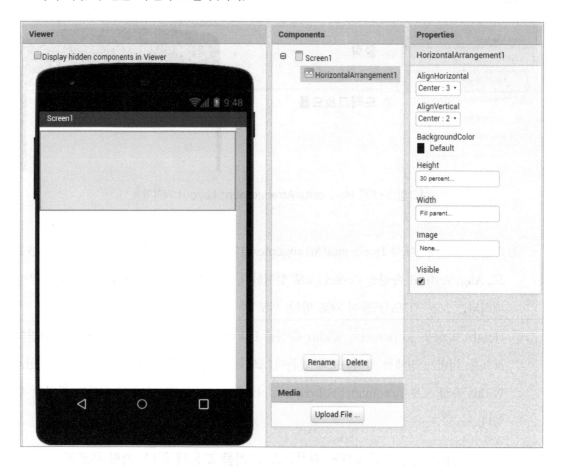

[그림 3-15] HorizontalArrangement Layout 화면 구성 보기

(2) Label 컴포넌트 삽입하기

① User Interface 서랍에서 Label 컴포넌트를 Viewer 영역의 HorizontalArrangement1의
안쪽으로 드래그&드롭을 한다.

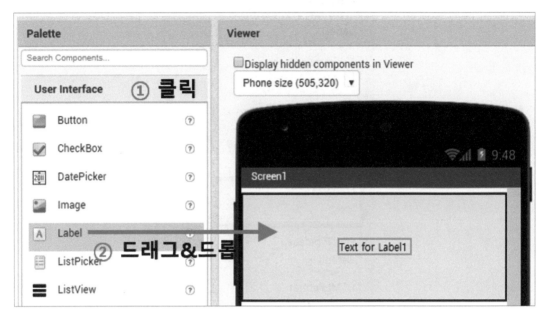

[그림 3-16] Label 컴포넌트 삽입하기

② Components 패널에서 Label1을 선택한 다음 Properties 패널에서 FontSize를 25, Text 를 … , TextAlignment를 center : 1로 변경한다.

[그림 3-17] Label Properties 설정하기

(3) Button 컴포넌트 삽입하기

① Layout 서랍의 컴포넌트 중 HorizontalArrangement를 Viewer 화면의 흰색 빈 공간으로 드래그&드롭한다.

② Properties 패널에서 HorizontalArrangement1의 AlignHorizontal 속성을 Center : 3으로, AlignVertical 속성을 Center : 2로 설정한다.

③ Height 속성을 30 percent, Width 속성을 Fill parent로 변경해서 높이는 전체 화면의 30%를, 너비는 전체를 차지하도록 만든다.

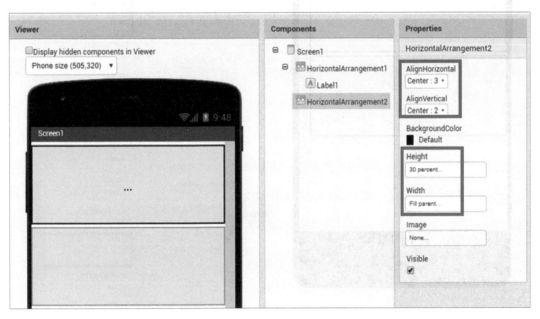

[그림 3-18] HorizontalArrangement2 Properties

④ User Interface 서랍에서 Button 컴포넌트를 View 영역의 HorizontalArrangement2의 안쪽으로 드래그&드롭한다. 이 과정을 한 번 더 반복해서 총 2개의 버튼을 삽입한다.

⑤ Components 패널에서 Button1을 선택한 다음 Rename 버튼을 클릭해서 이름을 Send_0으로 변경한다. Button2의 이름은 Send_1로 변경한다.

⑥ 두 버튼 모두 Properties 패널에서 FontSize를 25로, Height는 Automatic으로, Width는 50 Percent로 설정한다.

⑦ Send_0 버튼의 Text를 0으로, Send_1 버튼의 Text를 1로 변경한다.

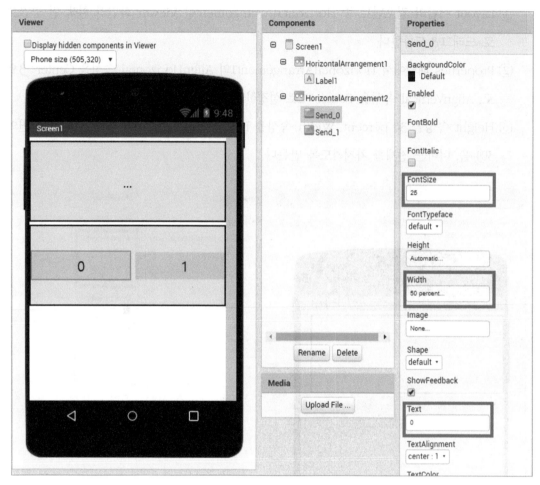

[그림 3-19] Send_0 Properties

(4) 블루투스 연결 버튼 삽입하기

① Layout의 컴포넌트 중 VerticalArrangement를 Viewer 화면의 흰색 빈 공간으로 드래그 & 드롭한다.

② Properties 패널에서 VerticalArrangement2의 AlignHorizontal 속성을 Center : 3으로, AlignVertical 속성을 Center : 2로 설정한다.

③ Height 속성과 Width 속성 모두 Fill parent로 변경해서 높이와 너비 모두 남은 공간 전체를 차지하도록 만든다. 높이는 40 percent로 지정해도 동일한 효과를 갖는다.

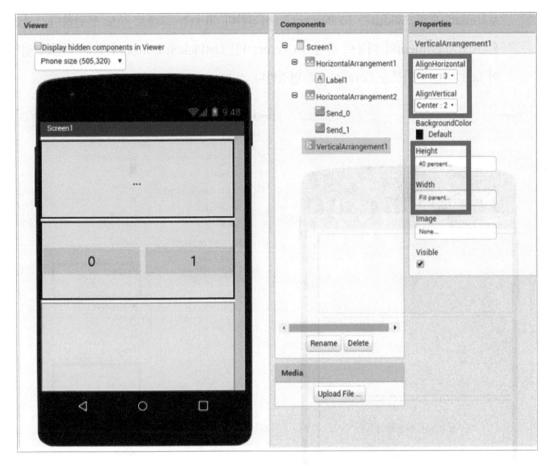

[그림 3-20] VerticalArrangement1 Properties

④ User Interface 서랍에서 ListPicker 컴포넌트를 Viewer 영역의 VerticalArrangement1의 안쪽으로 드래그&드롭한다. ListPicker1을 선택한 다음 Rename 버튼을 클릭해서 이름을 "BT_connect"로 변경한다. Properties 패널에서 FontSize를 18로, Height는 Automatic으로, Width는 50 Percent로 설정한다. Text를 "블루투스 연결하기"로 설정한다.

⑤ Button 컴포넌트를 Viewer 영역의 블루투스 연결하기 ListPicker 아래로 드래그&드롭한다. Button1을 선택한 다음 Rename 버튼을 클릭해서 이름을 'BT_disconnect"로 변경한다. ListPicker1과 마찬가지로 Properties 패널에서 FontSize를 18로, Height는 Automatic으로, Width는 50 Percent로 설정한다. Text를 "블루투스 연결해제"로 설정한다.

⑥ Label 컴포넌트를 Viewer 영역의 블루투스 연결해제 Button 아래로 드래그&드롭한다. ListPicker, Button과 마찬가지로 Properties 패널에서 FontSize를 18로, Height는

Automatic으로, Width는 50 Percent로 설정한다. Text는 그대로 둬도 무관하다. Label 은 TextAlignment의 디폴트 설정이 Center : 1인 ListPicker, Button과 달리 디폴트 설정 이 Left : 0인데 이것을 Center : 1로 변경한다.

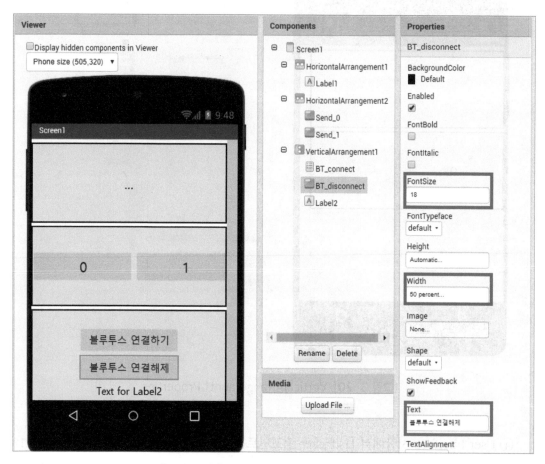

[그림 3-21] BT_disconnect Properties

(5) Non-visible 컴포넌트 삽입하기

① Sensors 서랍의 Clock 컴포넌트와 Connectivity 서랍의 BluetoothClient 컴포넌트를 Viewer 영역으로 드래그&드롭한다.

② Clock1을 선택한 다음 속성을 확인한다. Clock 컴포넌트는 특정한 동작을 주기적으로 반복하는 데 사용되는데 TimerInterval 속성은 반복되는 동작의 주기(단위는 ms)를 의미한다.

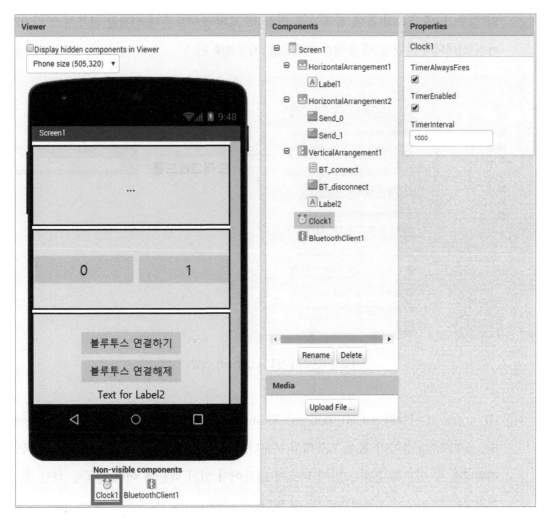

[그림 3-22] Clock1 Properties

2) 블록

(1) 블루투스 기기 목록화하기

① Blocks 화면에서 BT_connect 서랍을 연 다음 BT_connect.BeforePicking 블록을 우측의 빈 공간으로 드래그&드롭한다. 이 블록을 살펴보면 when과 do라는 단어가 표시되어 있는데 이러한 종류의 블록을 이벤트 처리기라고 한다. 이벤트 처리기는 특정한 이벤트가 발생했을 때 수행할 명령들을 지정할 수 있는 블록이다. BT_connect.BeforePicking 블록

의 경우 do 오른쪽의 홈에 블록들을 연결함으로써 스마트폰과 연결할 블루투스 기기가 아직 선택되지 않았을 때 수행할 명령들을 지정하게 된다.

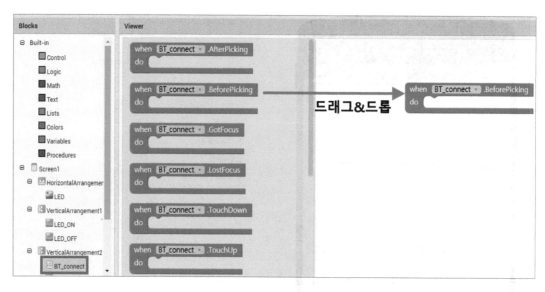

[그림 3-23] BT_connect 서랍

② BT_connect 서랍의 set BT_connect.Elements to 블록을 드래그해서 BT_connect.
BeforePicking 블록의 홈에 드롭해서 끼운다. 앱 인벤터는 서로 연결될 수 있는 블록만 끼워넣을 수 있도록 홈의 모양이 다르게 만들어져 있기 때문에 어떤 블록을 해당 홈에 끼워넣을 수 있을지 직관적으로 알 수 있다.

③ 그다음 BluetoothClient 서랍에서 BluetoothClient.AddressesAndNames 블록을 set BT_connect.Elements to 블록의 오른쪽 홈에 드래그 & 드랍해서 끼운다. 이제 사용자의 스마트폰에 등록되어 있는 블루투스 기기들의 주소와 이름을 BT_connect라는 이름의 ListPicker의 목록으로 가져와서 선택하는 동작을 수행할 수 있게 된다.

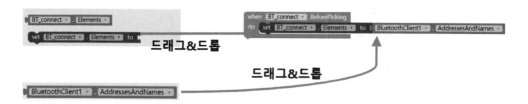

[그림 3-24] set BT_connect.Elements to

(2) 블루투스 통신 연결하기

① 우선 BT_connect 서랍을 연 다음 BT_connect.AfterPicking 블록을 우측의 빈 공간으로 드래그&드롭한다.

② Control 서랍에서 if~then 블록을 드래그해서 BT_connect.AfterPicking 블록의 홈에 끼운다. if~then 블록은 if 우측 홈에 끼워진 조건식이 참이면 then 우측 홈에 끼워진 블록들을 수행하고 조건식이 거짓이면 수행하지 않는다.

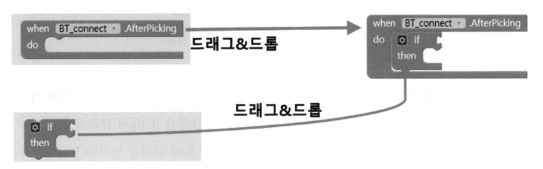

[그림 3-25] BT_connect.AfterPicking 블록

③ BluetoothClient1 서랍에서 call BluetoothClient1.Connect 블록을 드래그해서 if 홈에 끼운다. 그 다음 BT_connect 서랍에서 BT_connect.Selection 블록을 address 홈에 끼운다.

④ BT_connect 서랍에서 set BT_connect.Elements to 블록을 드래그해서 then 홈에 끼운다. 그다음 BluetoothClient1 서랍에서 BluetoothClient1.AddressesAndNames 블록을 to 홈에 끼운다. 블루투스 기기 목록 중 선택된 블루투스 기기에 의해 앱과 아두이노 사이의 블루투스 통신을 가능하도록 만들어 주는 명령어이다.

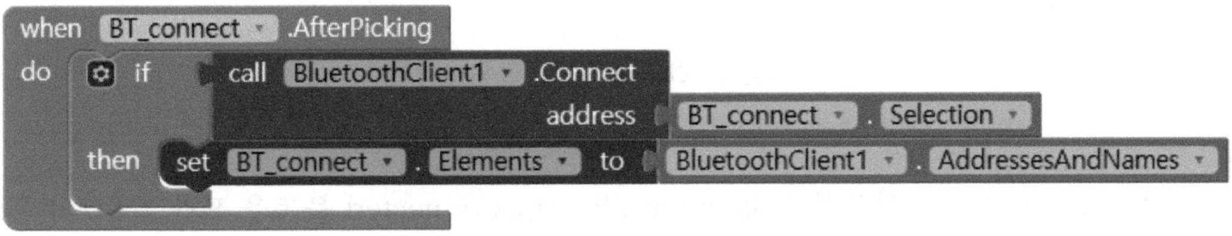

[그림 3-26] call BluetoothClient1.Connect

(3) 블루투스 통신 연결 체크하기

① Clock1 서랍에서 when Clock1.Timer 블록을 드래그&드롭한다. 디자이너에서 TimerInterval 속성을 100으로 설정했으므로 0.1초마다 반복해서 명령을 실행한다. 이 기능을 이용해서 0.1 초마다 블루투스 통신 연결 여부를 체크해서 앱에 출력하는 명령을 작성할 것이다.

[그림 3-27] when Clock1.Timer 블록

② Control 서랍에서 if~then 블록을 드래그해서 when Clock1.Timer 블록의 홈에 끼운다. 그다음 if~then 블록의 설정 버튼을 클릭해서 else 블록을 if~then 블록의 홈에 끼워서 if~then~else 블록을 만든다. if~then~else 블록은 if 홈에 끼워진 조건식이 참이면 then 홈에 끼워진 블록들을 수행하고 조건식이 거짓이면 else 홈에 끼워진 블록들을 수행한다.

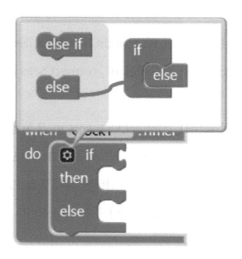

[그림 3-28] if~then 블록 수정

③ BluetoothClient1 서랍에서 BluetoothClient1.IsConnected 블록을 드래그해서 if 홈에 끼운다. 그다음 Label2 서랍에서 set Label2.Text to 블록을 then 홈과 else 홈에 끼운다. 이 명령어는 블루투스 통신 연결이 되었을 경우에는 then 홈에 끼워진 블록들을 실행하고, 연결이 되지 않았을 경우에는 else 홈에 끼워진 블록들을 실행한다는 의미이다.

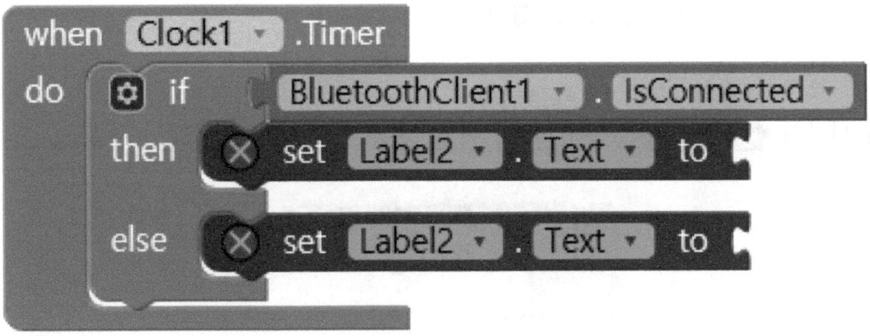

[그림 3-29] BluetoothClient1.IsConnected 블록

④ 그다음 Text 서랍에서 공백 블록(▪▪▪▪)을 아래 그림과 같이 끼워 넣고 공백을 클릭하여
   글자를 직접 입력한다.

[그림 3-30] Text 서랍에서 공백 블록 활용하기

⑤ set Label2.Text to "블루투스 연결됨" 명령 아래에 다음과 같은 명령어를 끼운다.

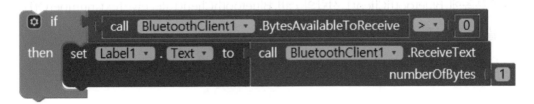

[그림 3-31] Math 서랍 활용하기

이 명령어는 아두이노에서 블루투스 통신에 의해 앱으로 전송된 신호가 존재할 때 수신된
신호의 첫 번째 바이트에 해당하는 텍스트를 Label1의 텍스트로 출력하게 된다.

다음과 같은 과정을 거쳐 만들 수 있다.

- if~then 블록을 넣는다.

- Math 서랍의 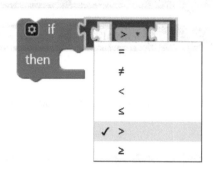 블록을 if 홈에 끼운 다음 등호(=)를 클릭해서 부등호(>)로 변경한다.

[그림 3-32] Math 서랍에서 비교 연산자 선택

- BluetoothClient1 서랍의 call BluetoothClient1.BytesAvailableToReceive 블록을 부등호의 왼쪽에 끼우고 Math 서랍에서 숫자 0 블록을 부등호의 오른쪽에 끼운다.

[그림 3-33] Math 서랍에서 숫자 블록

- Label1 서랍의 set Label1.Text to 블록을 then 홈에 끼운다.
- 오른쪽에 BluetoothClient1 서랍의 call BluetoothClient1.ReceiveText numberOfBytes 블록을 끼운다.
- 다시 그 오른쪽에 Math 서랍의 숫자 0 블록을 끼운 다음 0을 클릭해서 1로 바꿔준다.

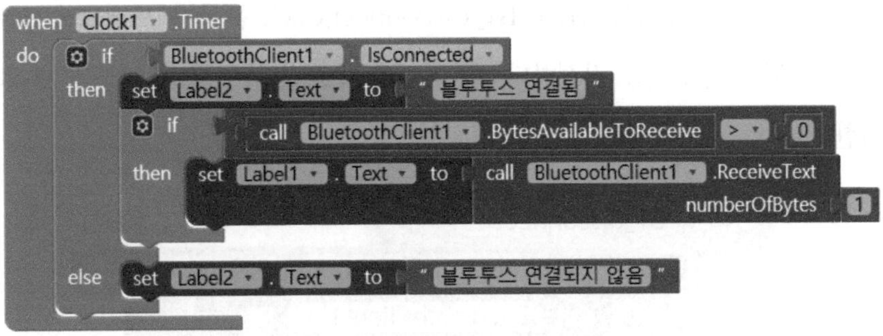

[그림 3-34] Math 서랍에서 숫자 블록 활용하기

(4) 버튼 기능 만들기

① Send_0 서랍에서 when Send0.Click 블록을 드래그&드롭한다. Send_1 서랍에서도 when Send_1.Click 블록을 드래그&드롭한 다음 아래 그림과 같이 명령어를 작성한다. call BluetoothClient.SendText 블록은 BluetoothClient 서랍에서 찾을 수 있다.

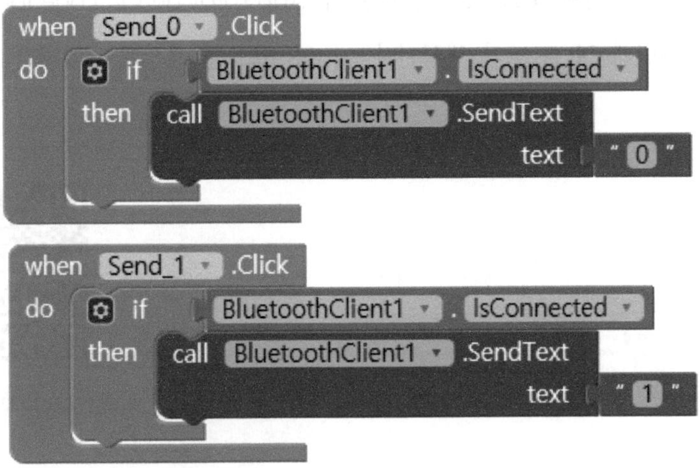

[그림 3-35] call BluetoothClient.SendText 블록

이 명령어들은 Send_0 버튼을 클릭했을 때는 "0"이라는 텍스트를 블루투스 통신에 의해 아두이노로 전송하며, Send_1 버튼을 클릭했을 때는 "1"이라는 텍스트를 아두이노로 전송하도록 만든다.

② BT_disconnect 서랍에서 when BT_disconnect.Click 블록을 드래그&드롭한 다음 아래 그림과 같이 명령어를 작성한다. 이 버튼을 누르면 블루투스 연결을 해제하는 명령을 실행한다.

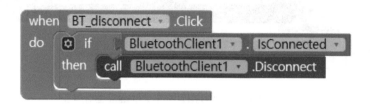

[그림 3-36] when BT_disconnect.Click 블록

3) 앱 설치 및 실행

(1) QR 코드가 생성하기

앱 인벤터 상단의 메뉴에서 Build를 클릭한 후 App (provide QR code for .apk) 버튼을 클릭하면 잠시 뒤 화면에 QR 코드가 생성된다. 이 QR 코드는 생성된 후 2시간 동안 유효하다.

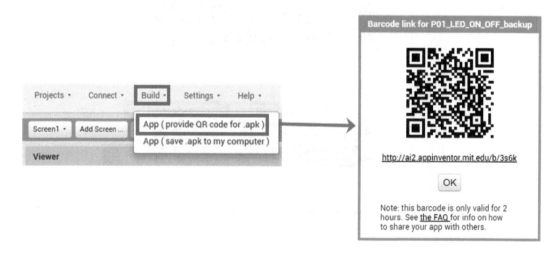

[그림 3-37] Build하여 QR 코드가 생성

(2) apk 파일을 다운로드하기

MIT AI2 Companion 앱을 실행한 다음 scan QR code를 클릭해서 QR 코드를 찍으면 apk 파일을 다운로드한 다음 설치할 수 있다.

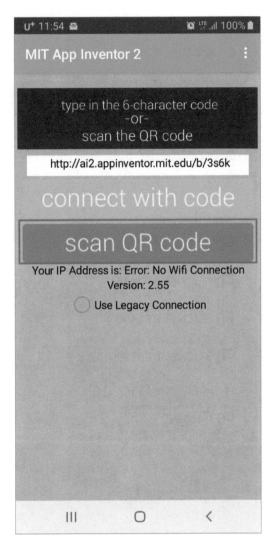

[그림 3-38] scan QR code 클릭

(3) 블루투스 설정하기

아두이노에 전원이 공급되어 블루투스 모듈의 LED가 켜져 있다면 아래 그림과 같이 모바일 기기의 블루투스 설정창으로 들어간다.

[그림 3-39] HC-06 블루투스 기기 선택

검색되어 나온 블루투스 기기를 클릭해서 PIN을 입력하면 해당 블루투스 기기가 등록된다. 이 작업은 맨 처음으로 블루투스 기기를 사용할 때 단 한 번만 해놓으면 된다. PIN은 따로 변경하지 않았다면 1234 또는 0000이다.

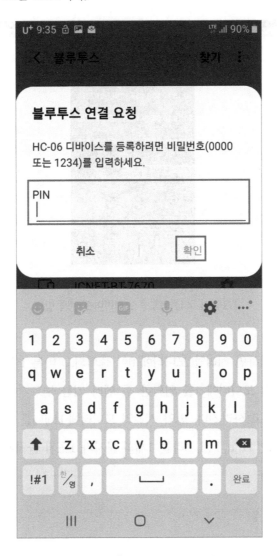

[그림 3-40] 블루투스 PIN 입력

(4) 블루투스 디바이스 선택하기

이제 설치한 앱에서 블루투스 연결하기 버튼을 클릭한 다음 블루투스 디바이스를 선택하면 하단에 "블루투스 연결됨"이라는 텍스트가 출력된다.

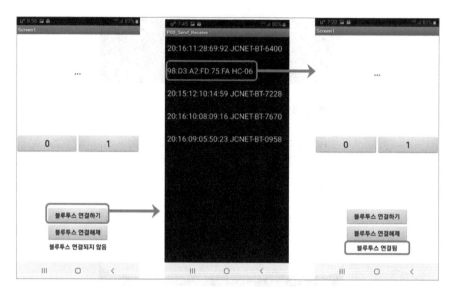

[그림 3-41] 블루투스 디바이스 선택 방법

앱에서 버튼 0을 터치하면 시리얼 모니터에 0이 출력되고 버튼 1을 터치하면 시리얼 모니터에 1이 출력된다. 시리얼 모니터에 a를 입력한 후 엔터 키를 누르거나 전송 버튼을 누르면 앱에 1초 동안 a가 출력되고 사라진다. 만약 시리얼 모니터에 Hello를 입력한 후 엔터 키를 누르거나 전송 버튼을 누르면 H, e, l , l, o라는 1개의 문자가 1초씩 출력된 후 사라진다.

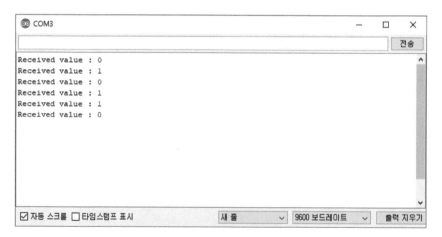

[그림 3-42] 시리얼 모니터 확인

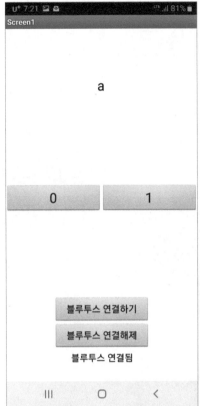

[그림 3-43] 스마트폰 앱 확인

[그림 3-44] 아두이노 보드 확인

Chapter **04**

디지털 출력 - LED

디지털 출력 - LED

4.1 필요한 부품

순번	부품형태	부품명
1		아두이노 UNO R3
2		브레드보드 (830 Tie Points)
3		LED (Red) 전압 : 최소 1.8V 최대 2.3V 전류 : 일반 20mA 최대 50mA
4		220Ω 이상의 저항
5		블루투스 모듈 (HC-05 혹은 HC-06)

4.2 배경 지식

LED는 전류가 흐르면서 빛을 발하는 반도체로서 지나치게 큰 전류가 흐르면 파손된다. 이를 방지하기 위해 저항을 연결해줘야 한다. 만약 구동 전류가 $20mA$, 전압이 $2.2V$인 LED를 $5V$ 전원에서 구동할 때 LED의 파손 방지를 위해 연결할 저항값은 아래 수식과 같이 간단히 계산할 수 있다.

$$5 - 2.2 = 2.8[V]$$

옴의 법칙 $R = \dfrac{V}{I}$이므로 저항 값 $R = \dfrac{2.8}{0.02} = 140[\Omega]$

LED의 구동 전압 및 전류는 색상 및 제조 방법에 따라 조금씩 다르므로 확인을 해볼 필요가 있다. 저항의 오차와 시중에 판매되는 탄소 피막 저항의 저항값을 고려하면 150Ω의 저항을 연결하면 되지만 LED에는 $10mA$ 정도의 전류만 흘러도 충분한 밝기가 출력되므로 220Ω 저항 또는 330Ω 저항을 준비하도록 한다.

LED를 통과하는 전류는 오직 한 방향으로만 흐른다. 그러므로 회로에 LED를 연결할 때에는 방향을 고려해야 한다. 긴 다리를 전원의 (+)극(VCC)에, 짧은 다리를 (-)극(GND)에 연결한다.

- **LED의 짧은 다리를 캐노드(Cathode)라고 한다.**
- **전류가 흘러 나가는 쪽이라는 뜻이다.**
- **(-)극 또는 아두이노의 GND에 연결한다.**

- **LED의 긴 다리를 애노드(Anode)라고 한다.**
- **전류가 흘러 들어오는 쪽이라는 뜻이다.**
- **(+)극 또는 아두이노의 디지털 입출력 핀에 연결한다.**

[그림 4-1] LED 특성

4.3 아두이노 보드와 부품 연결

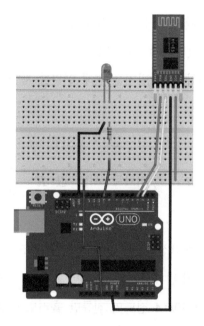

[그림 4-2] 아두이노와 LED 부품 연결

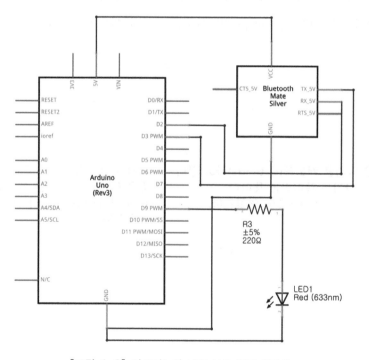

[그림 4-3] 아두이노와 LED 부품 회로 회로도

4.4 아두이노 스케치

```
1    #include <SoftwareSerial.h>
2
3    int bluetoothTx = 2;
4    int bluetoothRx = 3;
5    int LED = 9;
6    char cmd;
7
8    SoftwareSerial bluetooth(bluetoothTx, bluetoothRx);
9
10   void setup()
11   {
12     Serial.begin(9600);
13     delay(100);
14     bluetooth.begin(9600);
15     pinMode(LED, OUTPUT);
16   }
17
18   void loop()
19   {
20     if(bluetooth.available())
21     {
22       cmd = (char)bluetooth.read();
23     }
24
25     if(cmd == '1')
26     {
27       digitalWrite(LED, HIGH);
28       Serial.println("LED ON");
29     }
30     if(cmd == '0')
```

```
31      {
32          digitalWrite(LED, LOW);
33          Serial.println("LED OFF");
34      }
35  }
```

```
1   #include <SoftwareSerial.h>
```

1 : SoftwareSerial은 시리얼 통신을 소프트웨어적으로 실행할 수 있도록 해주는 라이브러리로서 아두이노에 포함되어 있다. 이 라이브러리를 이용해서 블루투스 모듈을 아두이노의 디지털 핀에 연결함으로써 시리얼 통신이 가능하다.

```
3   int bluetoothTx = 2;
4   int bluetoothRx = 3;
```

3, 4 : 블루투스 모듈이 아두이노에 연결된 핀 번호를 정의. Tx는 2번 핀, Rx는 3번 핀으로 설정

```
5   int LED = 9;
```

5 : LED가 아두이노에 연결된 핀 번호를 정의. 9번 핀으로 설정

```
6   char cmd;
```

6 : 블루투스 통신을 통해 앱에서 전송받은 값을 저장할 변수

```
8    SoftwareSerial bluetooth(bluetoothTx, bluetoothRx);
```

8 : SoftwareSerial 객체를 만들어야 시리얼 통신 함수를 사용할 수 있다.

```
12    Serial.begin(9600);
13    delay(100);
14    bluetooth.begin(9600);
```

12~14 : 소프트웨어 시리얼 포트와 하드웨어 시리얼 포트를 각각 9600bps의 속도로 초기화
한다.

```
15    pinMode(LED, OUTPUT);
```

15: LED가 연결될 핀인 9번 핀을 출력으로 설정한다.

```
20    if(bluetooth.available())
21    {
22      cmd = (char)bluetooth.read();
23    }
```

20~23 : bluetooth.available 함수는 송신된 데이터의 개수를 반환한다. 즉 블루투스 모듈에
서 송신된 데이터가 1개라면 1, 데이터가 2개라면 2가 되며 송신된 데이터가 없다면
0이 된다. 그러므로 이 if문은 송신된 데이터가 1개라면 그 데이터를 cmd라는 변수
에 저장한다는 뜻이다.

```
25    if(cmd == '1')
26    {
27      digitalWrite(LED, HIGH);
28      Serial.println("LED ON");
29    }
```

변수 cmd의 값이 1과 같다면 LED, 즉 9번 핀을 HIGH로 만들어 LED를 ON 한다. 또한, 시리얼 모니터상에 LED ON이라는 문구를 출력한다.

```
30    if(cmd == '0')
31    {
32      digitalWrite(LED, LOW);
33      Serial.println("LED OFF");
34    }
```

변수 cmd의 값이 0과 같다면 LED, 즉 9번 핀을 LOW로 만들어 LED를 OFF 한다. 또한, 시리얼 모니터상에 LED OFF라는 문구를 출력한다.

4.5 앱 인벤터 코딩

1) 디자이너

앱 인벤터 홈페이지(http://appinventor.mit.edu) 초기화면에서 Create Apps! 버튼을 클릭한다.

[그림 4-4] Create Apps! 클릭

메뉴의 Projects - My projects를 클릭하거나 Start new project를 클릭해서 새로운 프로젝트를 만든다. 프로젝트 이름을 "P01_LED_ON_OFF"로 작성한 다음 OK 버튼을 클릭한다. 프로젝트 이름은 영문, 숫자, 언더 바( )로 작성해야 하며 한글로는 작성할 수 없다. 또한 반드시 영문 알파벳으로 프로젝트의 이름이 시작되어야 한다.

(1) Arrangement 컴포넌트 배치하기

① Palette에서 User interface의 각종 컴포넌트들을 View에 배치하기 전에 Layout 서랍에 위치한 정렬 컴포넌트들을 먼저 삽입해야 한다. Layout의 컴포넌트 중 HorizontalArrangement를 Viewer 화면으로 드래그&드롭한다.

② Properties 패널에서 HorizontalArrangement1의 AlignHorizontal 속성을 Center : 3으로, AlignVertical 속성을 Center : 2로 설정한다. 이렇게 설정하면 해당 컴포넌트 내부에 배치되는 컴포넌트들이 가로 방향, 세로 방향 모두 중앙 정렬된다.

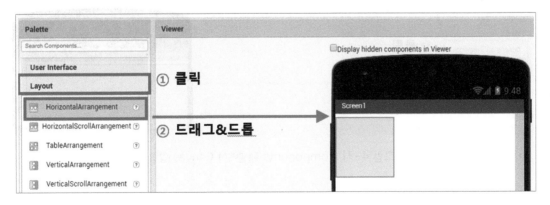

[그림 4-5] HorizontalArrangement 생성

③ Height 속성을 30 percent, Width 속성을 Fill parent로 변경해서 높이는 전체 화면의 30%를, 너비는 전체를 차지하도록 만든다.

(2) Canvas 컴포넌트 삽입하기

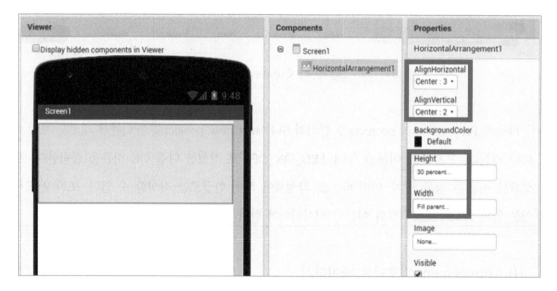

[그림 4-6] HorizontalArrangement 생성 및 Peroperties

① User Interface 서랍에서 Canvas 컴포넌트를 Viewer 영역의 HorizontalArrangement1 의 안쪽으로 드래그&드롭한다.

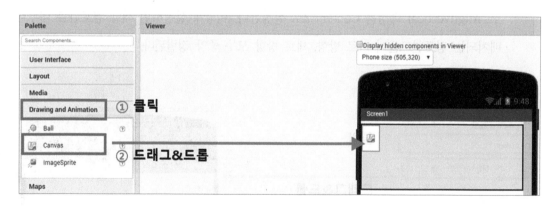

[그림 4-7] Components 패널에서 Canvas 삽입

② Components 패널에서 Canvas1을 선택한 다음 Rename 버튼을 클릭해서 이름을 LED
   로 변경한다. Properties 패널에서 Height, Width 모두 100 pixels로 설정한다.

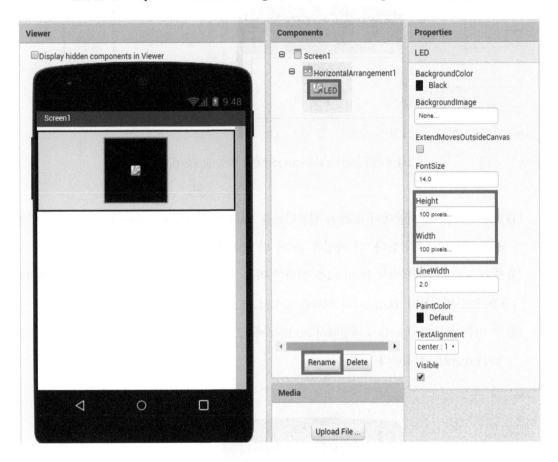

[그림 4-8] Rename

(3) Button 컴포넌트 삽입하기

① Layout의 컴포넌트 중 VerticalArrangement를 Viewer 화면에서 LED 이미지 아래의 빈
   공간으로 드래그 & 드롭한다.

② Properties 패널에서 VerticalArrangement1의 AlignHorizontal 속성을 Center : 3으로,
   AlignVertical 속성을 Center : 2로 설정한다.

③ Height 속성을 30 percent, Width 속성을 Fill parent로 변경해서 높이는 전체 화면의
   30%를, 너비는 전체를 차지하도록 만든다.

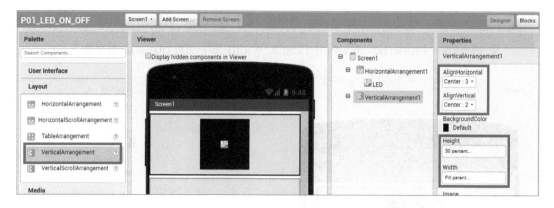

[그림 4-9] VerticalArrangement 생성 및 Peroperties

④ User Interface 서랍에서 Button 컴포넌트를 View 영역의 VerticalArrangement1의 안쪽으로 드래그&드롭한다. 이 과정을 한 번 더 반복해서 총 2개의 버튼을 삽입한다.

⑤ Components 패널에서 Button1을 선택한 다음 Rename 버튼을 클릭해서 이름을 LED_ON으로 변경한다. Button2의 이름은 LED_OFF로 변경한다.

⑥ 두 버튼 모두 Properties 패널에서 FontSize를 25로, Height는 Automatic으로, Width는 50 Percent로 설정한다.

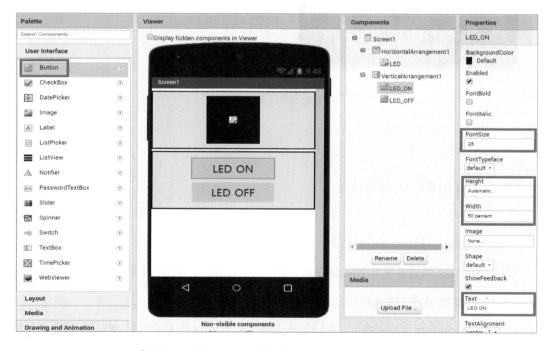

[그림 4-10] 블루투스 연결 버튼 삽입 및 Peroperties

(4) 블루투스 연결 버튼 삽입하기

① Layout의 컴포넌트 중 VerticalArrangement를 Viewer 화면에서 2개의 버튼 아래의 빈 공간으로 드래그 & 드롭한다.

② Properties 패널에서 VerticalArrangement2의 AlignHorizontal 속성을 Center : 3으로, AlignVertical 속성을 Center : 2로 설정한다.

③ Height 속성과 Width 속성 모두 Fill parent로 변경해서 높이와 너비 모두 남은 공간 전체를 차지하도록 만든다.

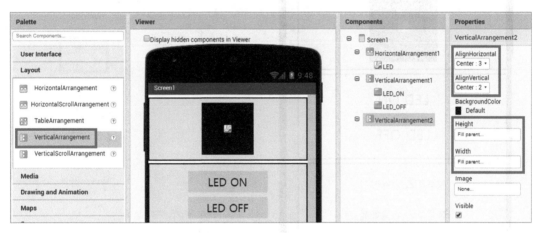

[그림 4-11] VerticalArrangement 생성 및 Peroperties

④ User Interface 서랍에서 ListPicker 컴포넌트를 Viewer 영역의 VerticalArrangement2의 안쪽으로 드래그&드롭한다. ListPicker1을 선택한 다음 Rename 버튼을 클릭해서 이름을 "BT_connect"로 변경한다. Properties 패널에서 FontSize를 18로, Height는 Automatic으로, Width는 50 Percent로 설정한다. Text를 "블루투스 연결하기"로 설정한다.

⑤ Button 컴포넌트를 Viewer 영역의 VerticalArrangement2의 안쪽으로 드래그&드롭한다. Button1을 선택한 다음 Rename 버튼을 클릭해서 이름을 'BT_disconnect"로 변경한다. ListPicker1과 마찬가지로 Properties 패널에서 FontSize를 18로, Height는 Automatic으로, Width는 50 Percent로 설정한다. Text를 "블루투스 연결해제"로 설정한다.

⑥ Label 컴포넌트를 Viewer 영역의 VerticalArrangement2의 안쪽으로 드래그&드롭한다. ListPicker, Button과 마찬가지로 Properties 패널에서 FontSize를 18로, Height는 Automatic으로, Width는 50 Percent로 설정한다. Text는 그대로 둬도 무관하다. Label

은 TextAlignment의 디폴트 설정이 Center : 1인 ListPicker, Button과 달리 디폴트 설정이 Left : 0인데 이것을 Center : 1로 변경한다.

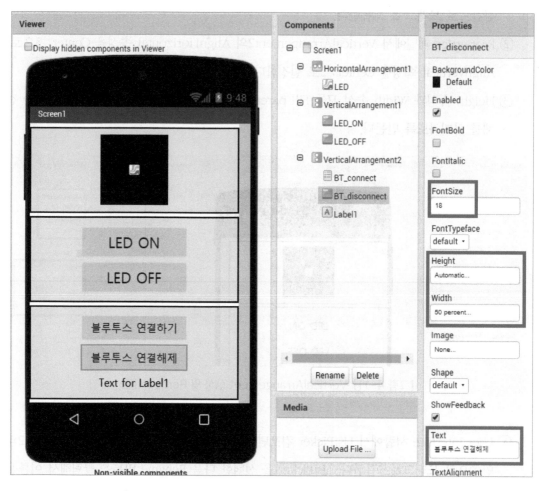

[그림 4-12] 블루투스 연결해제 버튼 삽입 및 Peroperties

(5) Non-visible 컴포넌트 삽입하기

① Sensors 서랍의 Clock 컴포넌트와 Connectivity 서랍의 BluetoothClient 컴포넌트를 Viewer 영역으로 드래그&드롭한다.

② Clock 컴포넌트를 선택한 다음 TimerInterval 속성을 500으로 변경한다. Clock 컴포넌트는 특정한 동작을 주기적으로 반복되는 데 사용되는데 TimerInterval 속성은 반복되는 동작의 주기(단위는 ms)를 의미한다.

[그림 4-13] TimerInterval 속성

지금까지 블록 디자이너에서 작성한 최종적인 유저 인터페이스의 형태와 컴포넌트의
구조는 다음과 같다. 빠진 것이 없는지 확인해 본다.

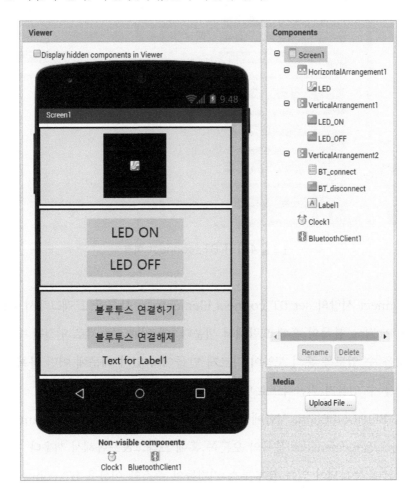

[그림 4-14] 완성 앱 확인

2) 블록

(1) 블루투스 기기 목록화하기

① Blocks 화면에서 BT_connect 서랍을 연 다음 BT_connect.BeforePicking 블록을 우측의
빈 공간으로 드래그&드롭한다. 이 블록을 살펴보면 when과 do라는 단어가 표시되어 있
는데 이러한 종류의 블록을 이벤트 처리기라고 한다. 이벤트 처리기는 특정한 이벤트가
발생했을 때 수행할 명령들을 지정할 수 있는 블록이다. BT_connect.BeforePicking 블록
의 경우 do 오른쪽의 홈에 블록들을 연결함으로써 스마트폰과 연결할 블루투스 기기가
아직 선택되지 않았을 때 수행할 명령들을 지정하게 된다.

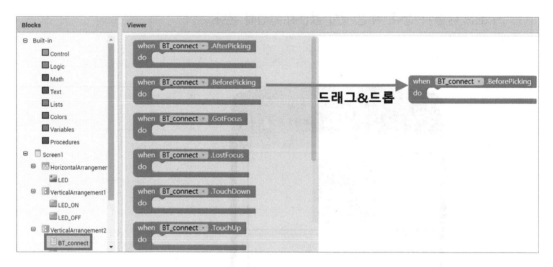

[그림 4-15] BT_connect 서랍

② BT_connect 서랍의 set BT_connect.Elements to 블록을 드래그해서 BT_connect.
BeforePicking 블록의 홈에 드랍해서 끼운다. 앱 인벤터는 서로 연결될 수 있는 블록만
끼워넣을 수 있도록 홈의 모양이 다르게 만들어져 있기 때문에 어떤 블록을 해당 홈에
끼워넣을 수 있을지 직관적으로 알 수 있다.

③ 그다음 BluetoothClient 서랍에서 BluetoothClient.AddressesAndNames 블록을 set
BT_connect.Elements to 블록의 오른쪽 홈에 드래그&드롭해서 끼운다. 이제 사용자의
스마트폰에 등록되어 있는 블루투스 기기들의 주소와 이름을 BT_connect라는 이름의
ListPicker의 목록으로 가져와서 선택하는 동작을 수행할 수 있게 된다.

[그림 4-16] BT_connect 서랍

(2) 블루투스 통신 연결하기

① 우선 BT_connect 서랍을 연 다음 BT_connect.AfterPicking 블록을 우측의 빈 공간으로 드래그&드롭한다.

② Control 서랍에서 if~then 블록을 드래그해서 BT_connect.AfterPicking 블록의 홈에 끼운다. if~then 블록은 if 우측 홈에 끼워진 조건식이 참이면 then 우측 홈에 끼워진 블록들을 수행하고 조건식이 거짓이면 수행하지 않는다.

[그림 4-17] BT_connect.AfterPicking 블록

③ BluetoothClient1 서랍에서 call BluetoothClient1.Connect 블록을 드래그해서 if 홈에 끼운다. 그 다음 BT_connect 서랍에서 BT_connect 서랍에서 BT_connect.Selection 블록을 address 홈에 끼운다.

④ BT_connect 서랍에서 set BT_connect.Elements to 블록을 드래그해서 then 홈에 끼운다. 그다음 BluetoothClient1 서랍에서 BluetoothClient1.AddressesAndNames 블록을 to 홈에 끼운다. 블루투스 기기 목록 중 선택된 블루투스 기기에 의해 앱과 아두이노 사이의 블루투스 통신을 가능하도록 만들어 주는 명령어이다.

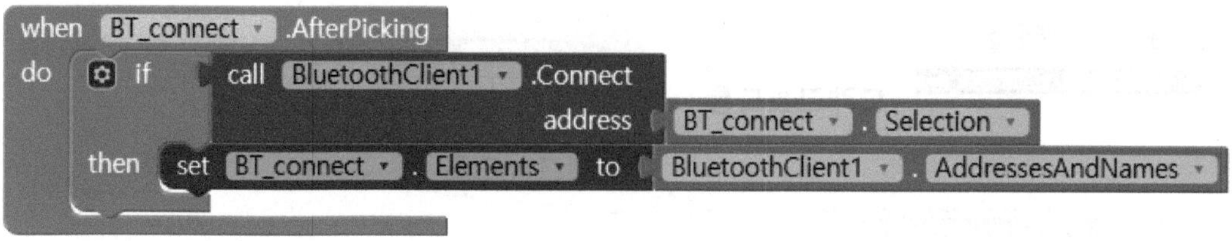

[그림 4-18] call BluetoothClient1.Connect

(3) 블루투스 통신 연결 체크하기

① Clock1 서랍에서 when Clock1.Timer 블록을 드래그&드롭한다. 디자이너에서 TimerInterval
속성을 100으로 설정했으므로 0.1초마다 반복해서 명령을 실행한다. 이 기능을 이용해서 0.1
초마다 블루투스 통신 연결 여부를 체크해서 앱에 출력하는 명령을 작성할 것이다.

[그림 4-19] when Clock1.Timer 블록

② Control 서랍에서 if~then 블록을 드래그해서 when Clock1.Timer 블록의 홈에 끼운다.
그다음 if~then 블록의 설정 버튼을 클릭해서 else 블록을 if~then 블록의 홈에 끼워서
if~then~else 블록을 만든다. if~then~else 블록은 if 홈에 끼워진 조건식이 참이면 then
홈에 끼워진 블록들을 수행하고 조건식이 거짓이면 else 홈에 끼워진 블록들을 수행한다.

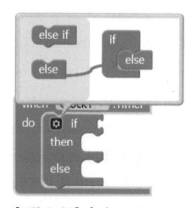

[그림 4-20] if~then 블록 수정

③ BluetoothClient1 서랍에서 BluetoothClient1.IsConnected 블록을 드래그해서 if 홈에 끼운다. 그 다음 Label1 서랍에서 set Label1.Text to 블록을 then 홈과 else 홈에 끼운다. 이 명령어는 블루투스 통신 연결이 되었을 경우에는 then 홈에 끼워진 블록들을 실행하고, 연결이 되지 않았을 경우에는 else 홈에 끼워진 블록들을 실행한다는 의미이다.

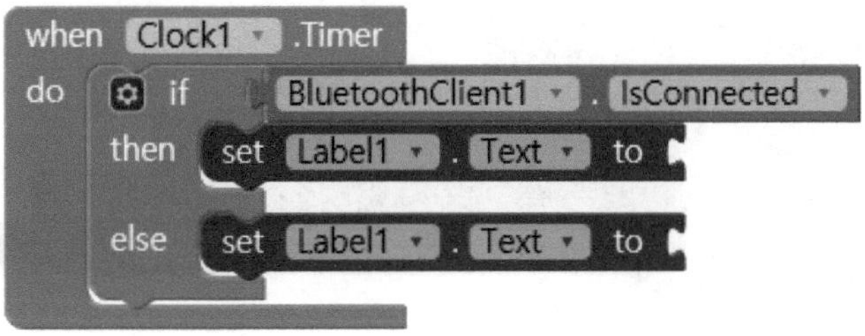

[그림 4-21] BluetoothClient1.IsConnected 블록

④ 그다음 Text 서랍에서 공백 블록(▬▬)을 아래 그림과 같이 끼워 넣고 공백을 클릭하여 글자를 직접 입력한다.

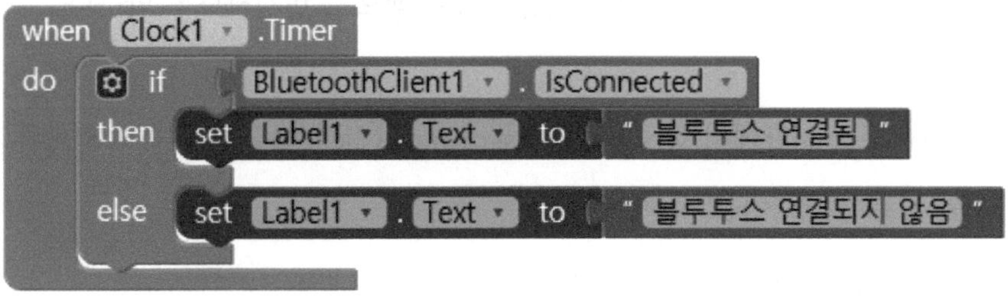

[그림 4-22] Text 서랍에서 공백 블록 활용하기

(4) 버튼 기능 만들기

① LED_ON 서랍에서 when LED_ON.Click 블록을 드래그&드롭한다. LED_OFF 서랍에서도 when LED_OFF.Click 블록을 드래그&드롭한 다음 아래 그림과 같이 명령어를 작성한다. 색상 블록(▬와 ▬)은 Colors 서랍에서 선택할 수 있다.

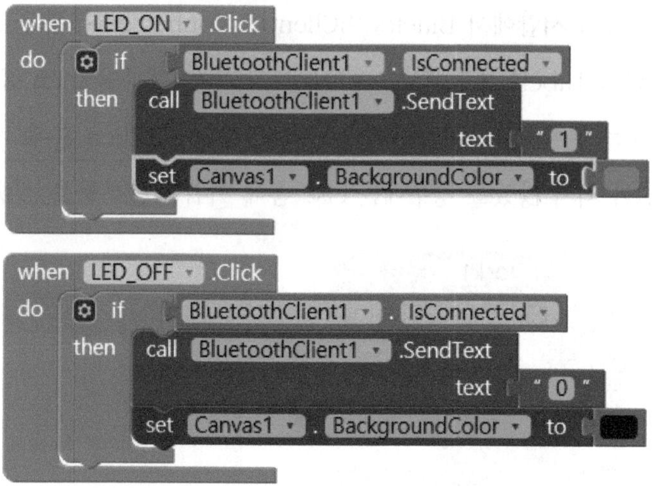

[그림 4-23] Text 서랍에서 공백 블록 활용하기

이 명령어들은 LED_ON 버튼을 클릭했을 때는 "1"이라는 텍스트를 아두이노로 전송하고 배경 색깔을 빨간색으로 변경하고, LED_OFF 버튼을 클릭했을 때는 "0"이라는 텍스트를 아두이노로 전송하고 배경 색깔을 검은색으로 변경하도록 만든다.

② BT_disconnect 서랍에서 when BT_disconnect.Click 블록을 드래그&드롭한 다음 아래 그림과 같이 명령어를 작성한다.

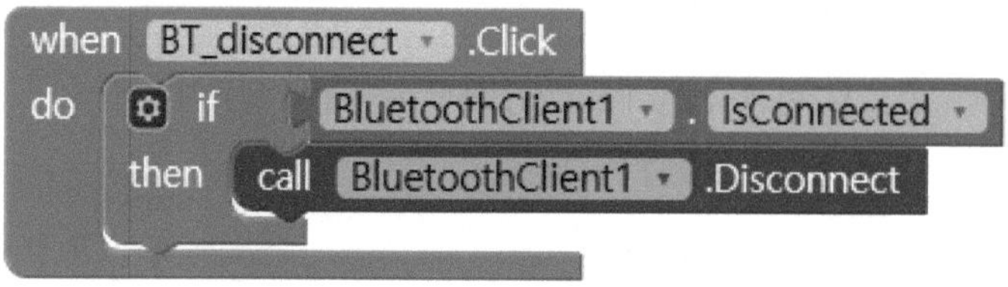

[그림 4-24] when BT_disconnect.Click 블록

3) 테스트

안드로이드 폰에서 MIT AI2 Companion 앱을 실행시킨 다음 scan QR code를 선택해서 앱 인벤터 화면에 나온 QR 코드를 스캔하면 앱이 폰에서 실행된다. 앱의 LED OFF 버튼을 누르면 앱 상단의 이미지가 검은색이 됨과 동시에 아두이노 보드에 연결된 LED가 꺼지고, LED

ON 버튼을 누르면 앱 상단의 이미지가 빨간색이 됨과 동시에 아두이노 보드에 연결된 LED가
켜지는 것을 확인한다.

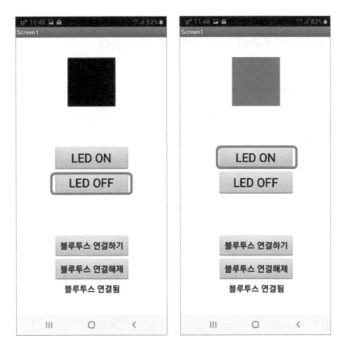

[그림 4-25] LED On/Off 앱 테스트

[그림 4-26] 아두이노 보드 확인

4) 적외선 인체 감지 센서 AM312 연결

(1) 스케치
다음과 같이 스케치를 이용하여 프로그램을 입력해 본다.

```
1    #include <SoftwareSerial.h>
2
3    int bluetoothTx = 2;
4    int bluetoothRx = 3;
5    int AM312 = 8;
6    int LED = 9;
7    bool motionState = false;
8
9    SoftwareSerial bluetooth(bluetoothTx, bluetoothRx);
10
11   void setup()
12   {
13     bluetooth.begin(9600);
14     pinMode(AM312, OUTPUT);
15     pinMode(LED, OUTPUT);
16   }
17
18   void loop()
19   {
20     int pir = digitalRead(AM312);
21     if(bluetooth.available())
22     {
23       if(pir == HIGH)
24       {
25         digitalWrite(LED, HIGH);
26         if(motionState == false)
27         {
```

```
28        bluetooth.write( ' 1 ');
29        motionState = true;
30      }
31    }
32    else
33    {
34      digitalWrite(LED, LOW);
35      if(motionState == true)
36      {
37        bluetooth.write( ' 0 ');
38        motionState = false;
39      }
40    }
41  }
42 }
```

이 스케치는 모션 감지 센서인 AM312를 입력 장치로 해서 주변에서 사람의 몸의 움직임이 감지되면 LED를 켜고, 감지되지 않으면 LED를 끄는 간단한 동작을 구현한다.

(2) PIR 센서 연결하기

앱 인벤터는 따로 작성할 필요 없이 앞에서 작성한 LED ON/OFF 앱을 그대로 사용해도 된다. 아두이노 결선은 이 챕터에서 LED를 ON/OFF 하는 데 사용했던 회로를 그대로 놔둔 채 디지털 8번 핀에만 AM312 센서를 연결하면 된다.

[그림 4-27] PIR 센서 추가한 아두이노 보드 확인

Chapter 05

아날로그 입력
- 가변저항, 센서

05 아날로그 입력 - 가변저항, 센서

5.1 필요한 부품

순번	부품형태	부품명
1		아두이노 UNO R3
2		브레드보드 (830 Tie Points)
3	또는	가변저항 (10kℓ)
4		블루투스 모듈 (HC-05 혹은 HC-06)

5.2 배경 지식

가변저항은 말 그대로 저항값을 변경할 수 있는 저항으로 트리머 타입 또는 로터리 타입의 가변저항이 많이 사용된다.

가변저항은 3개의 리드 선으로 회로에 연결되는데 트리머 타입의 경우 한쪽에는 2개의 리드 선이, 반대쪽에는 1개의 리드 선이 나와 있다. 이 경우에는 2개의 리드 선은 극성 구분 없이 VCC와 GND에 연결하고 나머지 1개의 리드 선은 아두이노의 아날로그 핀에 연결한다.

[그림 5-1] 가변저항

로터리 타입의 경우에는 한쪽에 3개의 리드 선이 모두 나와 있는데, 왼쪽과 오른쪽 리드 선은 극성 구분 없이 VCC와 GND에 연결하고 가운데 리드 선은 아두이노의 아날로그 핀에 연결한다.

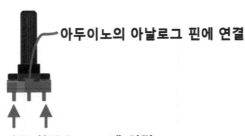

[그림 5-2] 그림 5-2. 가변저항 핀 구성

가변저항은 센서의 입력 원리와 동일하다. 즉 가변저항과 센서 모두 ADC로 연결되는 부품으로서 아날로그 값 형태로 입력된다. 가령 조도 센서의 경우 빛의 양에 따라 온도 센서의 경우 온도 값에 따라 아날로그 입력 값이 달라지게 된다.

5.3 아두이노 보드와 부품 연결

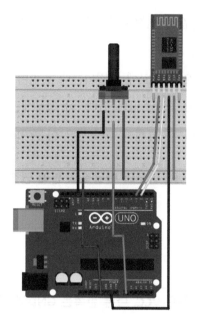

[그림 5-3] 아두이노와 가변저항 부품 연결

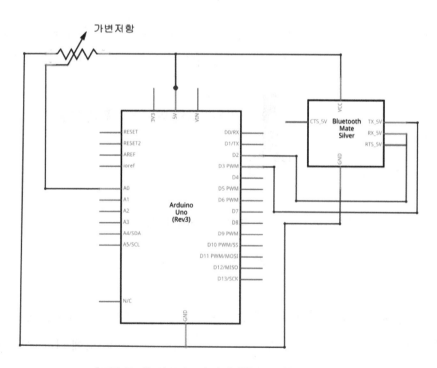

[그림 5-4] 아두이노와 가변저항 부품 회로 회로도

5.4 아두이노 스케치

```
1    #include <SoftwareSerial.h>
2
3    int bluetoothTx = 2;
4    int bluetoothRx = 3;
5    int POT_PIN = A0;
6
7    SoftwareSerial bluetooth(bluetoothTx, bluetoothRx);
8
9    void setup()
10   {
11     bluetooth.begin(9600);
12   }
13
14   void loop()
15   {
16     byte Data[3];
17     unsigned int POTVal = analogRead(POT_PIN);
18     Data[0] = 'a';
19     Data[1] = POTVal / 256;
20     Data[2] = PPTVal % 256;
21     if(bluetooth.available() > 0)
22     {
23       byte cmd = (char)bluetooth.read();
24       if(cmd == 49)
25       {
26         for(byte 1 = 0; i < 3; i++)
27         {
28           bluetooth.write(Data[1]);
29         }
30       }
31     }
32   }
```

```
1    #include <SoftwareSerial.h>
```

1 : SoftwareSerial은 시리얼 통신을 소프트웨어적으로 실행할 수 있도록 해주는 라이브러
리로서 아두이노에 포함되어 있다. 이 라이브러리를 이용해서 블루투스 모듈을 아두이
노의 디지털 핀에 연결함으로써 시리얼 통신이 가능하다.

```
3    int bluetoothTx = 2;
4    int bluetoothRx = 3;
```

3, 4 : 블루투스 모듈이 아두이노에 연결된 핀 번호를 정의. Tx는 2번 핀, Rx는 3번 핀으로
설정

```
5    int POT_PIN = A0;
```

5 : 가변저항이 아두이노에 연결된 핀을 정의. A0번 핀으로 설정

```
7    SoftwareSerial bluetooth(bluetoothTx, bluetoothRx);
```

7 : SoftwareSerial 객체를 만들어야 시리얼 통신 함수를 사용할 수 있다.

```
9    void setup()
```

9~12 : setup 함수는 단 한 번 실행되는 명령어들이 포함되는 함수로서 하드웨어 입출력 설
정, 통신 속도 설정 등이 포함된다.

```
11   bluetooth.begin(9600);
```

11 : 9600bps의 속도로 초기화한다.

```
14      void loop()
```

14~32: loop 함수는 무한히 반복되어 실행된다. 아두이노에서 실제로 실행되는 명령어들은 loop 함수 내에 포함된다.

```
16      byte Data[3];
```

16: 아두이노에서 모바일 기기로 전송될 데이터를 저장할 배열을 선언한다. 아두이노에서 모바일 기기로 전송되는 데이터는 아래와 같은 구조를 가질 것이다.

[표 5-1] Data 배열 구조

Data[0]	Data[1]	Data[1]
'a'	읽어들인 가변저항의 값 중 상위 8비트	

```
17      unsigned int POTVal = analogRead(POT_PIN);
```

17: A0 핀에 연결된 가변저항의 값을 analogRead 명령어에 의해 읽어들인 다음 이 값을 POTVal이라는 이름의 변수에 저장한다. 값의 범위는 0~1023이므로 unsigned int(부호 없는 정수)로 선언하는 것이 좋다.

```
18      Data[0] = 'a';
```

18: Data[0]에는 'a'를 저장한다.

```
19    Data[1] = POTVal / 256;
20    Data[2] = PPTVal % 256;
```

19~20 : / 연산자는 나눈 몫을 의미하고, % 연산자는 나눈 나머지를 의미한다. 이 두 연산자
를 이용해서 10진수의 자리를 나눌 수 있다. 가령 5678 / 10의 결과는 56, 5678 % 10
의 결과는 78이다. 또한, 5678 / 100의 결과는 5, 5678 % 100의 결과는 678이 된다.
256은 2⁸이므로 컴퓨터에서 사용되는 2진수를 256으로 나눈 몫은 상위 8비트 값,
나머지는 하위 8비트 값이 된다. Data[1]에는 읽어들인 가변저항의 값을 256으로
나눈 몫을 대입하고 Data[2]에는 읽어들인 가변저항의 값을 256으로 나눈 나머지
를 대입한다.

```
21    if(bluetooth.available() > 0)
```

21 : 앱에서 아두이노로 전송된 데이터가 존재한다면 아래 명령어들을 실행한다.

```
23    byte cmd = (char)bluetooth.read();
```

23 : 앱에서 아두이노로 전송된 데이터를 cmd라는 이름의 변수에 byte 형으로 저장한다.

```
24    if(cmd == 49)
25    {
26      for(byte 1 = 0; i < 3; i++)
27      {
28        bluetooth.write(Data[1]);
29      }
30    }
```

24~30 : 앱에서 아두이노로 전송된 데이터의 값이 49이면 for문에 의해서 Data[1], Data[2],
Data[3]에 저장된 값을 순차적으로 앱으로 전송하는 명령을 실행한다.

```
```

5.5 앱 인벤터 코딩

1) 디자이너

메뉴의 Projects - My projects를 클릭하거나 Start new project를 클릭해서 새로운 프로젝트를 만든 다음 프로젝트 이름을 다음과 같이 작성한다.

"P02_POTENTIOMETER"

(1) Arrangement 컴포넌트 배치하기

① Layout 서랍의 컴포넌트 중 VerticalArrangement 3개를 Viewer 화면으로 드래그&드롭한다. 3개의 컴포넌트 모두 Properties 패널에서 속성을 아래와 같이 변경한다.

[표 5-2] Layout 컴포넌트 설정

컴포넌트 종류	컴포넌트 이름	변경할 속성	
Layout - VerticalArrangement	VerticalArrangement1	AlignHorizontal	Center : 3
		AlignVertical	Center : 2
		Height	40 percent
		Width	Fill parent
Layout - VerticalArrangement	VerticalArrangement2	AlignHorizontal	Center : 3
		AlignVertical	Center : 2
		Height	20 percent
		Width	Fill parent
Layout - VerticalArrangement	VerticalArrangement3	AlignHorizontal	Center : 3
		AlignVertical	Center : 2
		Height	40 percent
		Width	Fill parent

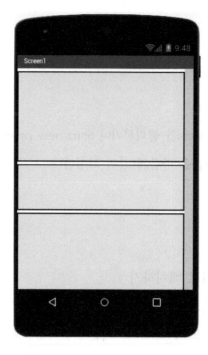

[그림 5-5] Layout 구성 화면

(2) Canvas 컴포넌트 삽입하기

① Drawing and Animation 서랍에서 Canvas 컴포넌트를 View 영역의 VerticalArrangement1
의 안쪽으로 드래그&드롭한다.

② User Interface 서랍에서 Label 컴포넌트를 View 영역의 VerticalArrangement2의 안쪽
으로 드래그&드롭하고 다음과 같이 속성을 변경한다.

[표 5-3] Canvas 및 Label 컴포넌트 설정

컴포넌트 종류	컴포넌트 이름	변경할 속성	
Drawing and Animation - Canvas	Graph	Height	40 percent
		Width	80 percent
User Interface - Label	Label_POT	FontSize	30
		Text	0
		TextAlignment	right : 2

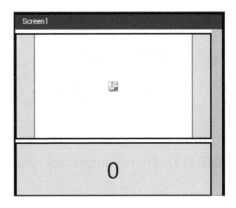

[그림 5-6] Canvas 및 Label 구성 화면

(3) Button 컴포넌트 삽입하기

① User Interface 서랍에서 ListPicker 컴포넌트를 Viewer 영역의 VerticalArrangement3의 안쪽으로 드래그 & 드랍한다.

② Button 컴포넌트를 Viewer 영역의 VerticalArrangement3의 안쪽으로 드래그&드롭한다.

③ Label 컴포넌트를 Viewer 영역의 VerticalArrangement2의 안쪽으로 드래그&드롭한다.

[표 5-4] ListPicker, Button, Label 컴포넌트 설정

컴포넌트 종류	컴포넌트 이름	변경할 속성	
User Interface - ListPicker	BT_connect	FontSize	18
		Width	50 percent
		Text	블루투스 연결하기
		TextAlignment	center : 1
User Interface - Button	BT_disconnect	FontSize	18
		Width	50 percent
		Text	블루투스 연결해제
		TextAlignment	center : 1
User Interface - Label	Label_BT	FontSize	18
		Width	50 percent
		Text	…
		TextAlignment	center : 1

[그림 5-7] ListPicker, Button, Label 구성 화면

(4) Non-visible 컴포넌트 삽입하기

Sensors 서랍의 Clock 컴포넌트 2개와 Connectivity 서랍의 BluetoothClient 컴포넌트를 Viewer 영역으로 드래그&드롭한다. Clock2의 속성만 다음과 같이 변경한다.

[표 5-5] Clock, BluetoothClient 컴포넌트 설정

컴포넌트 종류	컴포넌트 이름	변경할 속성	
Sensors Clock	Clock1	없음	
Sensors Clock	Clock2	TimeInterval	100
Connectivity BluetoothClient	BluetoothClient1	없음	

앱 디자이너의 최종 형태는 다음과 같다.

[그림 5-8] 앱 디자이너의 최종 화면

2) 블록

(1) 블루투스 통신 연결 설정하기

Ch. 3, Ch. 4와 마찬가지로 블루투스 통신 연결과 연결 해제를 위해 아래와 같은 명령어를 작성한다. 이 명령어는 앞으로도 동일하게 삽입된다.

[그림 5-9] 블루투스 통신 연결 및 해제를 위한 블록

(2) 가변저항 값 출력하기 - 숫자

① Variables 서랍에서 4개의 initialize global to 블록을 드래그&드롭한다. 그다음 name 을 클릭해서 각각 num1, num2, num3, text로 변경한다.

num1, num2, num3의 우측 홈에는 각각 Math 서랍에서 숫자 0 블록을 끼우고, text의 우측 홈에는 Text 서랍에서 공백 블록을 끼운다. 이렇게 하면 4개의 전역변수가 생성된다.

전역변수란 앱 인벤터의 Blocks 내에 존재하는 모든 이벤트 처리기가 이 변수의 값을 불러오거나 변경할 수 있다는 의미이다.

참고로 Variables 서랍에 존재하는 initialize local to 블록은 지역변수를 생성하게 된다. 지역변수란 하나의 이벤트 처리기에서만 유효하고 다른 이벤트 처리기에서는 값을 불러오거나 변경할 수 없다는 의미이다.

변수가 하나의 이벤트 처리기에서만 사용될 것이 확실하다면 지역변수로 선언하는 것이 좋다. 실수로 아무 관련이 없는 다른 이벤트 처리기에서 해당 변수의 값을 변경할 수 없어 오류 발생 가능성이 낮아지기 때문이다.

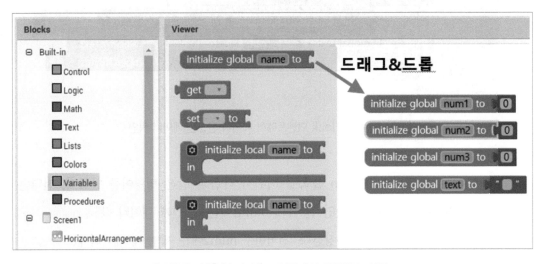

[그림 5-10] Variables 서랍에서 전역변수 설정

② 이제 다음과 같은 명령어를 만든다. Clock2.Timer는 Designer에서 0.01초마다 반복해서 실행되도록 설정되었다. 아래 블록들은 블루투스 통신 연결이 되어 있을 때 0.01초마다 한 번씩 아두이노로 49라는 값을 전송해 주는 역할을 한다.

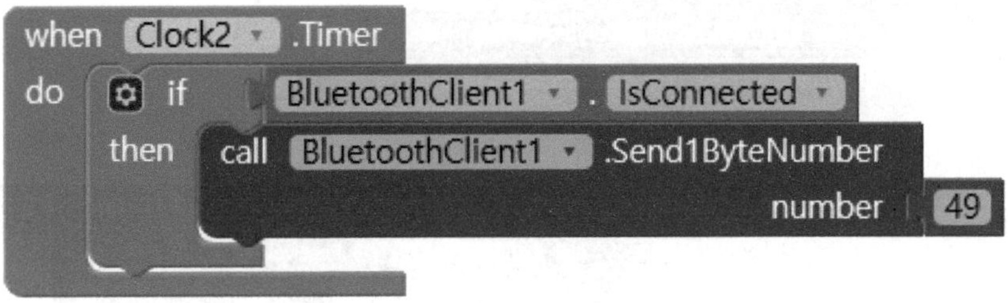

[그림 5-11] Clock 이벤트 작성

③ 이제 그 아래에 또 하나의 if~then 블록을 끼워서 다음과 같은 명령어를 만든다. 아두이노에서 전송된 데이터를 앱에서 받았다면 전역변수 text에 첫 번째 값(Data[0]의 값, 즉 'a')을 저장하게 된다.

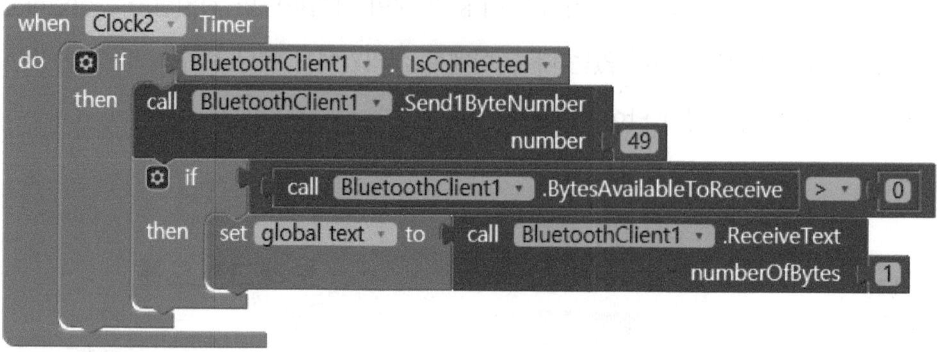

[그림 5-12] Clock 이벤트에서 데이터 전송된 데이터 확인

④ 그 아래에 또 하나의 if~then 블록을 끼워서 다음과 같은 명령어를 만든다. 전역변수 text에 저장된 값이 0과 같다면 전역변수 num1에는 두 번째 데이터 값(Data[1]의 값, 즉 상위 8비트 값)과 256을 곱한 값을 저장한다. 전역변수 num2에는 세 번째 데이터 값(Data[2]의 값, 즉 하위 8비트 값)을 저장한다. 전역변수 num3에는 num1과 num2의 값을 더한 값을 저장하게 되면 0~1023의 범위를 갖는 가변저항의 값이 저장된다. Label_POT에는 num3의 값을 출력하게 되므로 앱 화면에는 가변저항의 값이 출력된다.

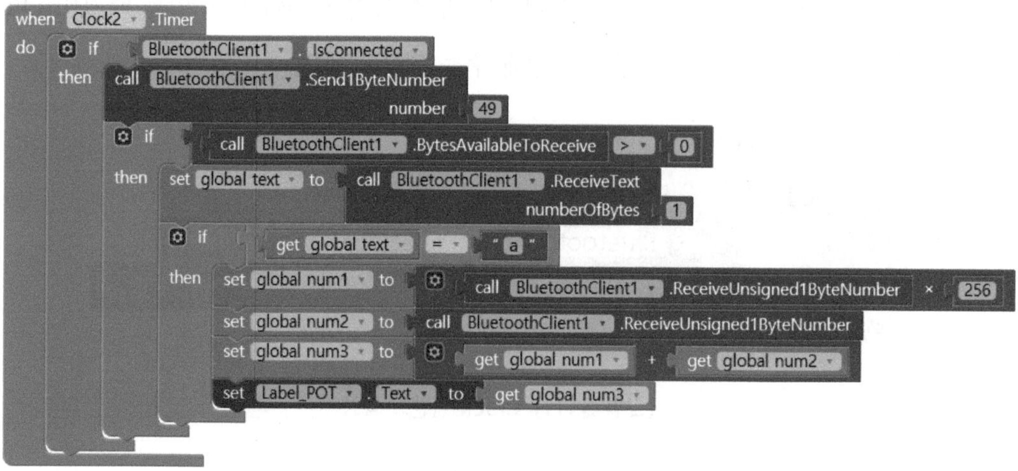

[그림 5-13] 앱 화면에 가변 저항값을 출력하기 위한 블록

(3) 가변저항 값 출력하기 - 그래프

① Variables 서랍에서 4개의 initialize global to 블록을 드래그&드롭한다. 변수명은 각각
X, X_before, Y, Y_before로 설정하고 0으로 초기화한다.

[그림 5-14] 전역 변수 초기화

② 레이블 출력 명령 아래에 다음과 같은 명령어를 삽입한다. 그래프의 X축과 Y축 좌표를
생성하기 위한 명령어이다.

[그림 5-15] 축 좌표 생성을 위한 명령어

③ Graph 서랍에서 call Graph.DrawLine 블록을 그 아래에 끼운다. 0.1초 간격으로 X축 좌표
는 1픽셀씩 증가하고 Y축 좌표는 0.1초 이전의 좌표와 현재 num3 값을 이어주게 된다.

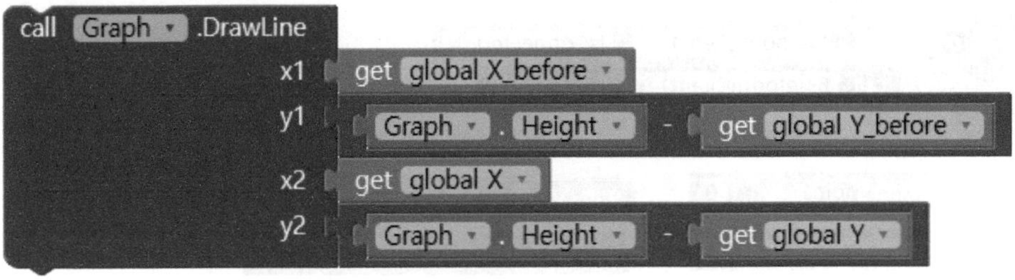

```
call  Graph ▾ .DrawLine
              x1  get global X_before ▾
              y1   Graph ▾ . Height ▾  -  get global Y_before ▾
              x2  get global X ▾
              y2   Graph ▾ . Height ▾  -  get global Y ▾
```

[그림 5-16] Graph 서랍을 이용한 좌표 작성

④ 다음과 같이 X 좌표가 그래프의 폭보다 큰 값을 갖게 될 경우 X 좌표를 초기화하고 지금까지 그린 그래프를 모두 삭제하는 명령어를 추가한다.

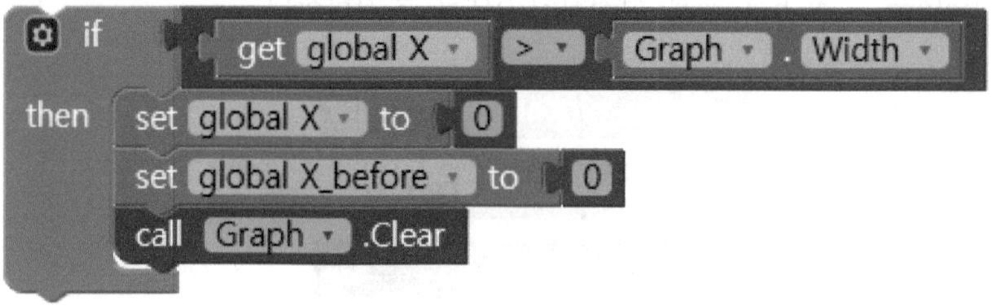

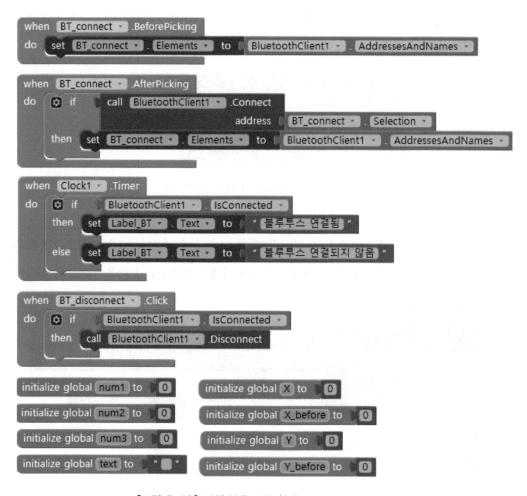

[그림 5-17] X 좌표 설정 범위

⑤ 지금까지 작성한 블록 코딩은 다음과 같다.

[그림 5-18] 전체 블록 코딩 확인(블루투스 및 변수 초기화)

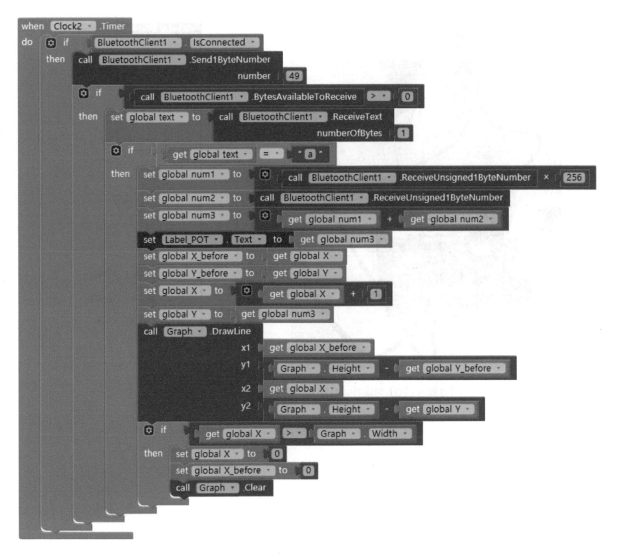

[그림 5-19] 전체 블록 코딩 확인(Clock 제어부)

이제 앱을 안드로이드 기기에 설치한 다음 실행해 본다. 가변저항을 시계 방향 또는 반시계 방향으로 회전시키면 값이 출력되며 0.1초마다 그래프가 작성되는 것을 확인할 수 있을 것이다.

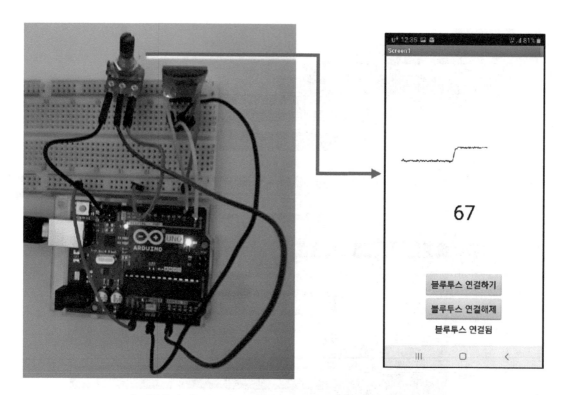

[그림 5-20] 아두이노 보드 및 전송된 데이터를 그래프로 확인

Chapter
06

아날로그 출력
- 서보모터

06 아날로그 출력 - 서보모터

6.1 필요한 부품

순번	부품형태	부품명
1		아두이노 UNO R3
2		브레드보드 (830 Tie Points)
3		서보모터 (SG90, 그 외 종류도 무관)
4		블루투스 모듈 (HC-05 혹은 HC-06)

6.2 배경 지식

서보모터는 미리 정해진 범위 내에서 축을 조종하도록 제한된 모터이다. 이 챕터에서 사용할 서보모터는 0도~180도의 범위 내에서 회전하게 되며 50Hz의 주파수 내에서 펄스를 이용해 동작시킬 수 있다.

$[f = \dfrac{1}{T}$, f : **주파수**, T : **주기**] 이므로 서보모터에 입력되는 신호는 주기가 20ms인 펄스 신호이며 펄스 폭(즉 HIGH = ON = 아두이노의 경우 DC 5V 신호가 입력되는 시간)이 1ms일 경우에는 0도 위치로 회전하며 펄스 폭이 2ms일 경우에는 180도 위치로 회전하게 된다.

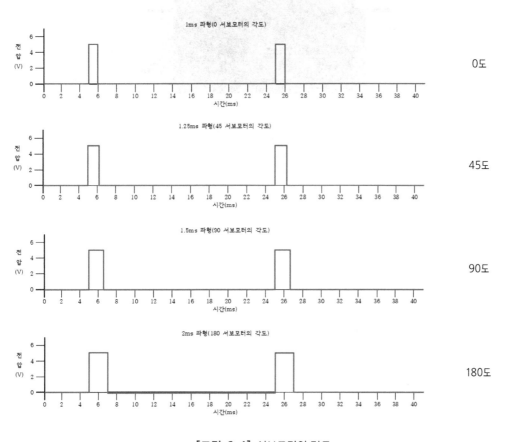

[그림 6-1] 서보모터의 각도

서보모터에는 아래 그림과 같이 3개의 전선이 붙어 있으며 빨간색 선은 아두이노 보드의 +5V로, 검은색 또는 갈색 선은 GND로 연결해서 전원을 공급받는다. 오렌지색 또는 흰색 선은 사용할 디지털 출력 핀으로 연결하면 되고 이 선은 서보모터로 펄스 신호를 전송하는 데 사용된다.

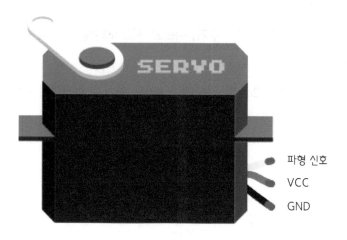

파형 신호
VCC
GND

[그림 6-2] 서보모터 모형

6.3 아두이노 보드와 부품 연결

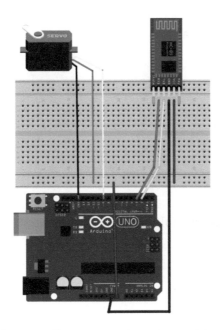

[그림 6-3] 아두이노와 서보모터 부품 연결

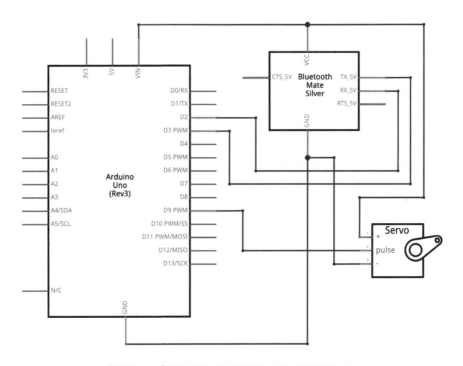

[그림 6-4] 아두이노와 서보모터 부품 회로 회로도

6.4 아두이노 스케치

```
1    #include <SoftwareSerial.h>
2
3    #include <Servo.h>
4    Servo myServo;
5
6    int bluetoothTx = 2;
7    int bluetoothRx = 3;
8
9    SoftwareSerial bluetooth(bluetoothTx, bluetoothRx);
10
11   void setup()
12   {
13     myServo.attach(9);
14     bluetooth.begin(9600);
15   }
16
17   void loop()
18   {
19     if(bluetooth.available())
20     {
21       int servoPos = bluetooth.read();
22       myServo.write(servoPos);
23     }
24   }
```

```
3    #include <Servo.h>
```

3 : 아두이노에 내장된 서보모터 라이브러리를 사용하기 위해서 추가한다. 확장자 h(헤더 파일)
는 대소문자를 구분하므로 Servo.h는 반드시 S를 대문자로 입력해야 한다.

```
4    Servo myServo;
```

4 : 서보모터 라이브러리를 사용하기 위한 변수 선언이다. 즉 몇 번 핀에 서보 모터를 연결
   할 것인지 설정하는 attach(), 서보 모터의 회전 각도를 설정하는 write() 명령어를 사용
   하기 위해 필요하다.

```
13    myServo.attach(9);
```

13 : 서보모터를 9번 핀에 연결하겠다는 의미이다. 다시 말해 서보모터에 펄스 신호를 전송
   하게 될 아두이노 보드의 핀을 서보모터 라이브러리에 전달해 주는 역할을 한다.

```
19    if(bluetooth.available())
```

19 : 앱에서 아두이노로 전송된 데이터가 존재한다면 아래 명령어들을 실행한다.

```
21    int servoPos = bluetooth.read();
```

21 : 앱에서 아두이노로 전송된 데이터를 servoPos라는 이름의 변수에 int 형으로 저장한다.

```
22    myServo.write(servoPos);
```

22 : 위 라인에서 저장된 변수 servoPos의 값만큼 서보모터를 회전시키게 된다.

6.5 앱 인벤터 코딩

1) 디자이너

메뉴의 Projects - My projects를 클릭하거나 Start new project를 클릭해서 새로운 프로젝트를 만든 다음 프로젝트 이름을 "P03_SERVO"로 작성한다.

(1) Arrangement 컴포넌트 배치하기

① Layout 서랍의 컴포넌트 중 VerticalArrangement 3개를 Viewer 화면으로 드래그&드롭한다. 3개의 컴포넌트 모두 Properties 패널에서 속성을 아래와 같이 변경한다.

[표 6-1] Layout 컴포넌트 설정

컴포넌트 종류	컴포넌트 이름	변경할 속성	
Layout - VerticalArrangement	VerticalArrangement1	AlignHorizontal	Center : 3
		AlignVertical	Center : 2
		Height	40 percent
		Width	Fill parent
Layout - VerticalArrangement	VerticalArrangement2	AlignHorizontal	Center : 3
		AlignVertical	Center : 2
		Height	20 percent
		Width	Fill parent
Layout - VerticalArrangement	VerticalArrangement3	AlignHorizontal	Center : 3
		AlignVertical	Center : 2
		Height	40 percent
		Width	Fill parent

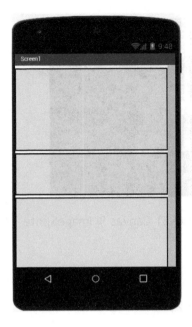

[그림 6-5] Layout 구성 화면

(2) Canvas 컴포넌트 삽입하기

① Drawing and Animation 서랍에서 Canvas 컴포넌트를 View 영역의 VerticalArrangement1
의 안쪽으로 드래그&드롭한다.

② Drawing and Animation 서랍에서 ImageSprite 컴포넌트를 Canvas1의 안쪽으로 드래
그&드롭한다. Properties에서 Picture를 클릭한 다음 Upload File에서 Needle.png 파
일을 선택해 업로드한다.

[표 6-2] Canvas 및 ImageSprite 컴포넌트 설정

컴포넌트 종류	컴포넌트 이름	변경할 속성	
Drawing and Animation – Canvas	Canvas1	Height	Fill parent
		Width	Fill parent
		BackgroundColor	Black
Drawing and Animation – ImageSprite	Needle	Heading	0
		Picture	Needle.png

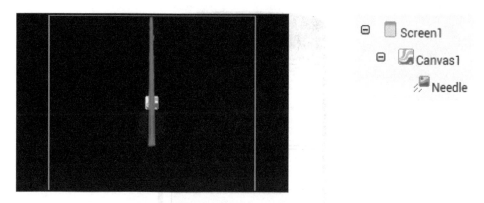

[그림 6-6] Canvas 및 ImageSprite 구성 화면

(3) Label 컴포넌트 삽입하기

① User Interface 서랍에서 Label 컴포넌트를 Viewer 영역의 VerticalArrangement2의 안쪽으로 드래그&드롭한다. User Interface 서랍에서 Slider 컴포넌트를 Label 컴포넌트 아래에 드래그&드롭한다.

[표 6-3] Label 및 Slider 컴포넌트 설정

컴포넌트 종류	컴포넌트 이름	변경할 속성	
User Interface – Label	Label_Servo	FontSize	18
		TextAlignment	center : 1
		Text	…
User Interface – Slider	Slider_Servo	Width	80
		MaxValue	180
		MinValue	0
		ThumbPosition	0

[그림 6-7] Label 및 Slider 구성 화면

(4) Button 컴포넌트 삽입하기

① User Interface 서랍에서 ListPicker, Button, Label 컴포넌트를 Viewer 영역의 Vertical Arrangement3의 안쪽으로 차례대로 드래그&드롭한다.

[표 6-4] ListPicker, Button, Label 컴포넌트 설정

컴포넌트 종류	컴포넌트 이름	변경할 속성	
User Interface - ListPicker	BT_connect	FontSize	18
		Width	50 percent
		Text	블루투스 연결하기
		TextAlignment	center : 1
User Interface - Button	BT_disconnect	FontSize	18
		Width	50 percent
		Text	블루투스 연결해제
		TextAlignment	center : 1
User Interface - Label	Label_BT	FontSize	18
		Width	50 percent
		Text	…
		TextAlignment	center : 1

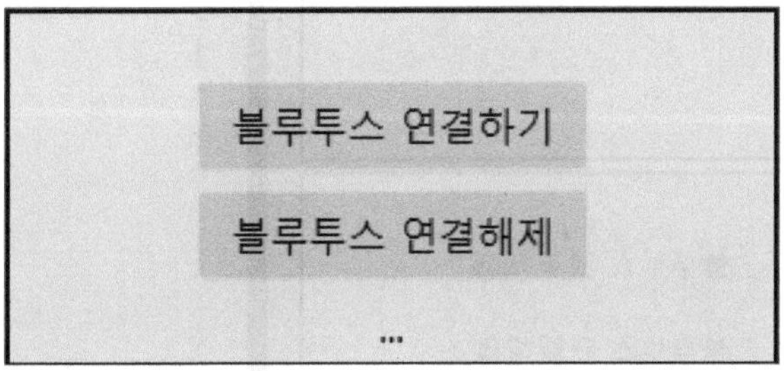

[그림 6-8] ListPicker, Button, Label 구성 화면

(5) Non-visible 컴포넌트 삽입하기

Sensors 서랍의 Clock 컴포넌트와 Connectivity 서랍의 BluetoothClient 컴포넌트를 Viewer 영역으로 드래그&드롭한다. Clock1의 속성만 다음과 같이 변경한다.

[표 6-5] Clock, BluetoothClient 컴포넌트 설정

컴포넌트 종류	컴포넌트 이름	변경할 속성	
Sensors - Clock	Clock1	TimeInterval	100
Connectivity - BluetoothClient	BluetoothClient1	없음	

앱 디자이너의 최종 형태는 다음과 같다.

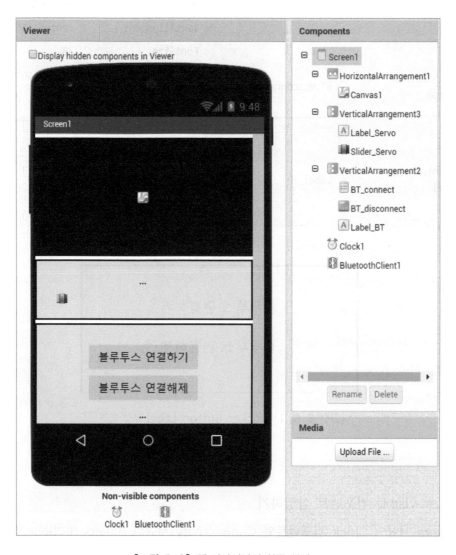

[그림 6-9] 앱 디자이너의 최종 화면

2) 블록

(1) 블루투스 통신 연결 설정하기

지금까지 했던 대로 블루투스 통신 연결과 연결 해제를 위해 아래와 같은 명령어를 작성한다.

[그림 6-10] 블루투스 통신 연결 및 해제를 위한 블록

(2) 슬라이더 바의 값 제어하기

① Slider_Servo 서랍에서 when Slider_Servo.PositionChanged 블록을 드래그&드롭한다.
  그다음 아래와 같이 명령어를 작성한다. 앱 인벤터의 슬라이더 바는 위치 값을 실수형으
  로 읽어들이므로 round 블록에 의해 반올림해 주면 정수형의 값을 아두이노로 전송한
  다. 또한 그 값을 Label_Servo에 출력한다.

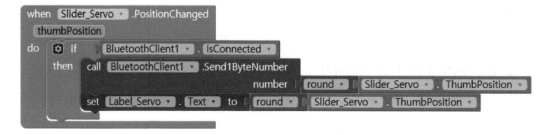

[그림 6-11] 슬라이더 바의 값 제어

② ImageSprite의 Heading 속성은 다음과 같이 0°~360°의 범위를 가지며 Heading의 값이 증가하면 반시계 방향으로 이미지가 회전하도록, 감소하면 시계 방향으로 이미지가 회전하도록 만들 수 있다. 여기서 270은 -90과 같은 의미이며, 315는 -45와 같은 의미이다.

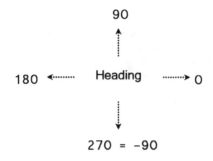

[그림 6-12] Heading 속성에 따른 각도

ImageSprite에 업로드한 이미지 파일은 위쪽을 향하고 있는 바늘 모양이기 때문에 Heading이 0일 때에는 위를 가리키고 있다. 그렇기 때문에 만약 Heading이 -90일 때에는 오른쪽을 가리키고 90일 때에는 왼쪽을, 180일 때에는 아래쪽을 가리키게 될 것이다.

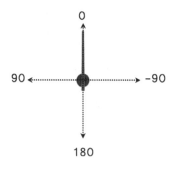

[그림 6-13] Heading 속성을 이용한 0도

앞서 작성한 블루투스 통신 연결 여부를 확인하기 위한 when Clock1.Timer의 then 홈에 다음과 같은 명령어를 추가한다.

[그림 6-14] 반올림 명령어

이 명령어는 슬라이더 바의 실수형 위치 값에서 90을 뺀 값을 반올림해서 정수로 변환한다는 의미이다. 예를 들어 만약 슬라이더 바의 위치 값이 45.12라면 이 실수 값을 반올림해서 45로 만든다. 그 뒤 45 - 90 = -45라는 연산을 수행함으로써 -45라는 결과 값을 만들어내게 된다.

```
when Clock1 .Timer
do     if   BluetoothClient1 . IsConnected
      then  set Label_BT . Text to " 블루투스 연결됨 "
            set Needle . Heading to   round   Slider_Servo . ThumbPosition - 90
      else  set Label_BT . Text to " 블루투스 연결되지 않음 "
```

[그림 6-15] 실수형 값을 반올림한 연산 처리

③ 지금까지 작성한 블록 코딩은 다음과 같다.

```
when BT_connect .BeforePicking
do   set BT_connect . Elements to BluetoothClient1 . AddressesAndNames

when BT_connect .AfterPicking
do     if   call BluetoothClient1 .Connect
                              address  BT_connect . Selection
      then  set BT_connect . Elements to BluetoothClient1 . AddressesAndNames

when Clock1 .Timer
do     if   BluetoothClient1 . IsConnected
      then  set Label_BT . Text to " 블루투스 연결됨 "
            set Needle . Heading to absolute  round Slider_Servo . ThumbPosition - 180
      else  set Label_BT . Text to " 블루투스 연결되지 않음 "
```

```
when  BT_disconnect ▼  .Click
do    ⚙ if         BluetoothClient1 ▼  .  IsConnected ▼
       then   call  BluetoothClient1 ▼  .Disconnect

when  Slider_Servo ▼  .PositionChanged
  thumbPosition
do    ⚙ if         BluetoothClient1 ▼  .  IsConnected ▼
       then   call  BluetoothClient1 ▼  .Send1ByteNumber
                                       number   round ▼   Slider_Servo ▼ .  ThumbPosition ▼
              set  Label_Servo ▼ .  Text ▼  to   round ▼   Slider_Servo ▼ .  ThumbPosition ▼
```

[그림 6-16] 전체 블록 코딩 확인

이제 앱을 모바일 기기에 설치한 다음 실행해 본다. 초기화면은 다음과 같이 바늘이 90도를 가리키고 있지만, 블루투스 연결이 되고 나면 바늘이 0도로 이동할 것이다.

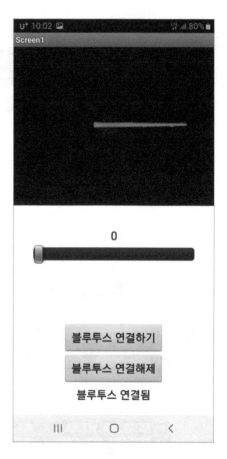

[그림 6-17] 앱에서 확인

슬라이더 바를 조정하면 0~180의 값이 출력되며 서보모터가 출력된 값과 동일한 각도로 회전하는 것을 확인할 수 있을 것이다.

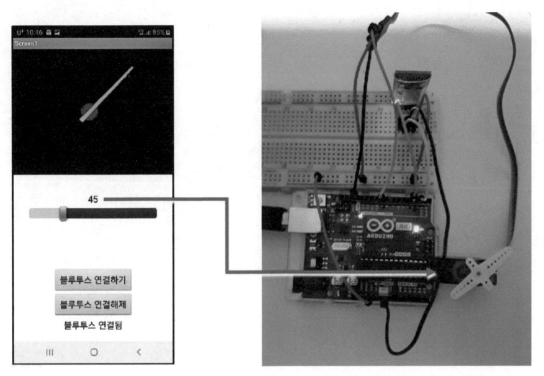

[그림 6-18] 앱의 슬라이더를 이용한 각도를 아두이노 보드에서 확인

Chapter **07**

아날로그 출력
- RGB LED

07 아날로그 출력 - RGB LED

7.1 필요한 부품

순번	부품형태	부품명
1		아두이노 UNO R3
2		브레드보드 (830 Tie Points)
3		RGB LED (종류 무관)
4		블루투스 모듈 (HC-05 혹은 HC-06)

7.2 배경 지식

RGB 컬러 모델: 인간의 눈으로 인식할 수 있는 모든 색은 빛의 3원색인 빨강(Red), 초록(Green), 파랑(Blue)를 적절한 비율로 혼합해서 얻을 수 있다. 빛의 3원색은 각각의 색 성분을 하나의 축으로 하는 3차원 좌표 시스템에 대응시킬 수 있다. 가령 R, G, B 모든 성분이 0이면(0, 0, 0) 검은색, R, G, B 모든 성분이 최댓값이라면(255, 255, 255) 하얀색, R과 G는 최댓값, B는 0이라면(255, 255, 0) 노란색 등의 색이 된다.

RGB LED는 빨강, 초록, 파랑 3개의 LED를 RGB 컬러 모델에 의해 하나의 LED 색상으로 합친 LED라고 할 수 있다. 아래 그림과 같이 4개의 다리가 있으며 3개의 다리를 통해 각각 R, G, B 성분의 값이 전송되어 색상을 결정한다. 아두이노에 RGB LED를 연결할 때 RGB LED가 common Anode 타입일 경우에는 나머지 1개의 다리를 +5V에, common Cathode 타입일 경우에는 GND에 연결해 주면 된다.

[그림 7-1] RGB LED 모형

아래 [그림 7-2]는 RGB 컬러 모델에 의해 표현될 수 있는 색깔들을 하나의 원 안에 표시해 놓은 이미지로서 구글에서 "rainbow circle" 또는 "RGB wheel"로 검색해서 다운로드하면 된다. 앱에서 이 원의 안쪽을 손가락으로 터치하거나 드래그하면 해당 색깔이 RGB LED에 출력되도록 만들 것이다.

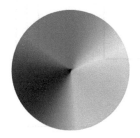

[그림 7-2] RGB 컬러 모델

7.3 아두이노 보드와 부품 연결

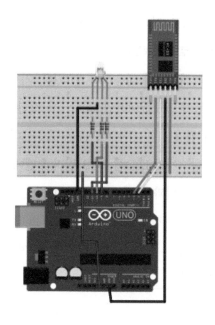

[그림 7-3] 아두이노와 RGB LED 부품 연결

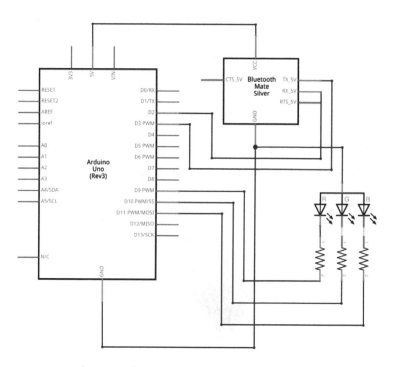

[그림 7-4] 아두이노와 RGB LED 부품 회로도

7.4 아두이노 스케치

```
1    #include <SoftwareSerial.h>
2
3    int bluetoothTx = 2;
4    int bluetoothRx = 3;
5    int RED = 9;
6    int GREEN = 10;
7    int BLUE = 11;
8
9    SoftwareSerial bluetooth(bluetoothTx, bluetoothRx);
10
11   void setup()
12   {
13     pinMode(RED, OUTPUT);
14     pinMode(GREEN, OUTPUT);
15     pinMode(BLUE, OUTPUT);
16     bluetooth.begin(9600);
17   }
18
19   void loop()
20   {
21     if(bluetooth.available() >= 2)
22     {
23       int receivedVal1 = bluetooth.read();
24       int receivedVal2 = bluetooth.read();
25       int color = (receivedVal2 * 256) + receivedVal1;
26       if(color >= 1000 && color <= 1255)
27       {
28         analogWrite(RED, color - 1000);
29         // analogWrite(RED, 255 - (color - 1000));
30         // RGB LED가 Common Anode이면 윗 라인을 삭제하고 주석 처리된 라인을 사용
```

```
31        }
32      else if(color >= 2000 && color <= 2255)
33      {
34        analogWrite(GREEN, color - 2000);
35        // analogWrite(RED, 255 - (color - 2000));
36        // RGB LED가 Common Anode이면 윗 라인을 삭제하고 주석 처리된 라인을 사용
37      }
38      else
39      {
40        analogWrite(BLUE, color - 3000);
41        // analogWrite(RED, 255 - (color - 3000));
42        // RGB LED가 Common Anode이면 윗 라인을 삭제하고 주석 처리된 라인을 사용
43      }
44    }
45  }
```

```
5    int RED = 9;
6    int GREEN = 10;
7    int BLUE = 11;
```

5~7: RGB LED의 다리를 각각 연결할 핀을 설정한다.

```
21    if(bluetooth.available() >= 2)
```

21: 작성할 앱에서 아두이노로 전송할 값은 R, G, B의 3가지이며 각각 2 byte 단위로 전송
    되도록 코딩할 것이므로 전송된 값이 2 byte인지 체크한다.

```
23    int RED = 9;
24    int GREEN = 10;
25    int BLUE = 11;
```

23~25: 앱에서 아두이노로 전송된 2 byte의 값을 1 byte씩 따로 읽어들인 다음 두 값을 붙여서 변수 color에 저장한다. 예를 들어 앱에서 아두이노로 1234라는 값이 전송되었다면 receivedVal1에는 34(BCD 코드 00110010), receivedVal2에는 12(BCD 코드 00010010)라는 값이 저장된다. 그 다음 receivedVal2의 값인 12에 256를 곱하면 4608(BCD 코드 0001 0010 0000 0000)이 된다. 이 값에 receivedVal2의 값인 3434(BCD 코드 00110010)를 더하면 BCD 코드 0001 0010 0011 0100이 되어 이 값을 변수 color에 저장한다.

```
26    if(color >= 1000 && color <= 1255)
27    {
28      analogWrite(RED, color - 1000);
29      // analogWrite(RED, 255 - (color - 1000);
30      // RGB LED가 Common Anode이면 윗 라인을 삭제하고 주석 처리된 라인을 사용
31    }
```

이 코드는 Common Cathode 타입의 RGB LED를 기준으로 작성한 것이다. 우선 앱에서 아두이노로 전송된 2 byte 값인 변수 color의 값이 1000~1255 사이라면 천의 자리 수인 1을 제거하고 RED 값으로 저장한다.

```
32    else if(color >= 2000 && color <= 2255)
33    {
34      analogWrite(GREEN, color - 2000);
35      // analogWrite(RED, 255 - (color - 2000);
36      // RGB LED가 Common Anode이면 윗 라인을 삭제하고 주석 처리된 라인을 사용
37    }
```

```
38    else
39    {
40      analogWrite(BLUE, color - 3000);
41      // analogWrite(RED, 255 - (color - 3000));
42      // RGB LED가 Common Anode이면 윗 라인을 삭제하고 주석 처리된 라인을 사용
43    }
```

변수 color의 값이 2000~2255 사이라면 천의 자리 수인 2를 제거하고 GREEN 값으로 저장하고 변수 color의 값이 3000~3255 사이라면 천의 자리 수인 3을 제거하고 BLUE 값으로 저장한다. 만약 Common Anode 타입의 RGB LED라면 주석 처리된 명령어를 대신 사용하면 된다.

7.5 앱 인벤터 코딩

1) 디자이너

메뉴의 Projects - My projects를 클릭하거나 Start new project를 클릭해서 새로운 프로젝트를 만든 다음 프로젝트 이름을 "P04_RGB_LED"로 작성한다.

(1) Arrangement 컴포넌트 배치하기

① Layout 서랍에서 아래와 같이 컴포넌트들을 배치하고 속성을 변경한다. Ch. 5, Ch. 6의 설정과는 컴포넌트의 종류가 다르니 유의한다.

[표 7-1] Layout 컴포넌트 설정1

컴포넌트 종류	컴포넌트 이름	변경할 속성	
Layout - HorizontalArrangement	HorizontalArrangement1	AlignHorizontal	Center : 3
		AlignVertical	Center : 2
		Height	20 percent
		Width	Fill parent
Layout - HorizontalArrangement	HorizontalArrangement2	AlignHorizontal	Center : 3
		AlignVertical	Center : 2
		Height	40 percent
		Width	Fill parent

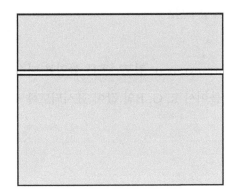

[그림 7-5] Layout 구성 화면1

② HorizontalArrangement1의 안쪽으로 다음 2개의 컴포넌트들을 삽입하여 수평으로 배치되게 한다.

[표 7-2] Layout 컴포넌트 설정2

컴포넌트 종류	컴포넌트 이름	변경할 속성	
Layout - HorizontalArrangement	HorizontalArrangement3	AlignHorizontal	Center : 3
		AlignVertical	Center : 2
		Height	20 percent
		Width	50 percent
Layout - HorizontalArrangement	HorizontalArrangement4	AlignHorizontal	Center : 3
		AlignVertical	Center : 2
		Height	20 percent
		Width	50 percent

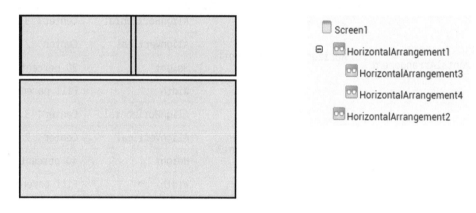

[그림 7-6] Layout 구성 화면2

③ HorizontalArrangement3의 안쪽으로 TableArrangement 컴포넌트를 삽입한 다음 아래와 같이 속성을 변경한다. 3행 2열의 표를 만들어서 R, G, B의 값이 표시되도록 만들기 위한 용도이다.

[표 7-3] Layout 컴포넌트 설정3

[표 7-3] Layout 컴포넌트 설정3

컴포넌트 종류	컴포넌트 이름	변경할 속성	
Layout - TableArrangement	TableArrangement1	Columns	2
		Height	Fill parent
		Width	Fill parent
		Row	3

④ 마지막으로 Viewer 화면의 맨 아래에 다음과 같이 컴포넌트를 삽입한 후 속성을 변경한다.

[표 7-4] Layout 컴포넌트 설정4

컴포넌트 종류	컴포넌트 이름	변경할 속성	
Layout - VerticalArrangement	VerticalArrangement1	AlignHorizontal	Center : 3
		AlignVertical	Center : 2
		Height	40 percent
		Width	Fill parent

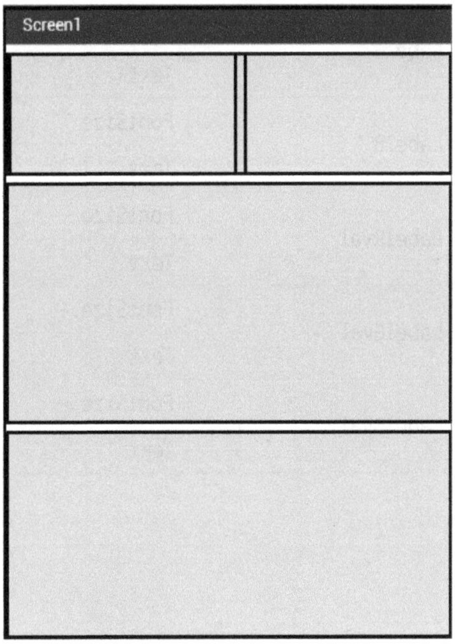

[그림 7-7] Layout 구성 화면3

(2) Label 컴포넌트 삽입하기

① 총 6개의 Label을 TableArrangement 컴포넌트 내의 공간에 삽입한다. Label을 드래그
   해서 TableArrangement로 가져가면 아래 그림 7-8과 같이 좌측 상단에 파란색 사각형
   으로 어느 부분에 삽입이 가능한지 표시된다.

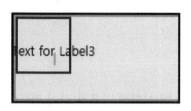

[그림 7-8] Label 삽입

다음과 같이 속성을 변경하면 [그림 7-9]와 같은 화면을 구성할 수 있다.

[표 7-5] Label 컴포넌트 속성

컴포넌트 종류	컴포넌트 이름	변경할 속성	
User Interface – Label	LabelR	FontSize	18
		Text	R :
User Interface – Label	LabelG	FontSize	18
		Text	G :
User Interface – Label	LabelB	FontSize	18
		Text	B :
User Interface – Label	LabelRval	FontSize	18
		Text	0
User Interface – Label	LabelGval	FontSize	18
		Text	0
User Interface – Label	LabelBval	FontSize	18
		Text	0

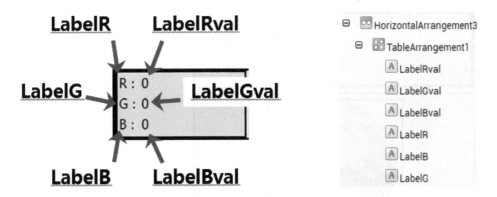

[그림 7-9] 각 Label 컴포넌트 구성 배열

(3) Canvas 컴포넌트 삽입하기

① Drawing and Animation 서랍에서 Canvas 컴포넌트를 Viewer 영역의 HorizontalArrangement4
의 안쪽으로 드래그&드롭한다.

② Drawing and Animation 서랍에서 Canvas 컴포넌트를 Viewer 영역의 HorizontalArrangement2
의 안쪽으로 드래그&드롭한다.

Properties에서 BackgroundImage를 클릭한 다음 Upload File에서 rainbow_circle.
png 파일을 선택해 업로드한 다음 아래와 같이 속성을 변경한다.

[표 7-6] Canvas 속성

컴포넌트 종류	컴포넌트 이름	변경할 속성	
Drawing and Animation – Canvas	Canvas1	Height	50 pixels
		Width	50 pixels
Drawing and Animation – Canvas	Canvas2	Height	150 pixels
		Width	150 pixels
		BackgroundImage	rainbow_circle.png

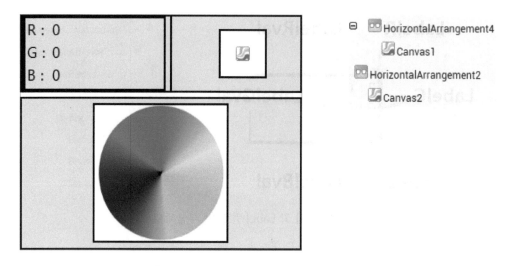

[그림 7-10] Label, Canvas 화면 구성

(4) Button 컴포넌트 삽입하기

① User Interface 서랍에서 ListPicker, Button, Label 컴포넌트를 Viewer 영역의 VerticalArrangement1의 안쪽으로 차례대로 드래그&드롭한다.

[표 7-7] ListPicker, Button, Label 속성

컴포넌트 종류	컴포넌트 이름	변경할 속성	
User Interface – ListPicker	BT_connect	FontSize	18
		Width	50 percent
		Text	블루투스 연결하기
		TextAlignment	center : 1
User Interface – Button	BT_disconnect	FontSize	18
		Width	50 percent
		Text	블루투스 연결해제
		TextAlignment	center : 1
User Interface – Label	Label_BT	FontSize	18
		Width	50 percent
		Text	...
		TextAlignment	center : 1

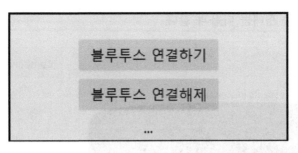

[그림 7-11] ListPicker, Button, Label 화면 구성

(5) Non-visible 컴포넌트 삽입하기

Sensors 서랍의 Clock 컴포넌트와 Connectivity 서랍의 BluetoothClient 컴포넌트를 Viewer 영역으로 드래그&드롭한다. Clock1의 속성만 다음과 같이 변경한다.

[표 7-8] Clock, BluetoothClient 속성

컴포넌트 종류	컴포넌트 이름	변경할 속성	
Sensors - Clock	Clock1	TimeInterval	100
Connectivity - BluetoothClient	BluetoothClient1	없음	

앱 디자이너의 최종 형태는 다음과 같다.

[그림 7-12] 전체 화면 구성

2) 블록

(1) 블루투스 통신 연결 설정하기

지금까지 했던 대로 블루투스 통신 연결과 연결 해제를 위해 아래와 같은 명령어를 작성한다.

[그림 7-13] 블루투스 통신 연결 및 해제를 위한 블록

(2) 앱에서 아두이노로 RGB 값 전송하기

① when Clock1.Timer 이벤트 처리기에서 then 홈에 아래 그림 7-14와 같이 3개의 명령을 추가하여 수정한다. TimeInterval을 100으로 설정했으므로 0.1초마다 한 번씩 앱에서 읽어들인 RGB 값을 아두이노로 전송하기 위한 명령어이다.

Red, Green, Blue 값을 구분하기 위해 Red 값에는 +1000을, Green 값에는 +2000을, Blue 값에는 +3000을 하여 2 Bytes 형태로 전송한다.

이렇게 전송된 Red, Green, Blue 세 가지 값은 아두이노 코드에서 Red 값은 -1000을, Green 값은 -2000을, Blue 값은 -3000을 함으로써 0~255의 범위를 갖는 정수가 된다.

[그림 7-14] 블루투스 연결 시에 RGB 값 전송

(3) RGB 값 초기화하고 LED 끄기

① when BT_disconnect.Click 이벤트 처리기에서 then 홈에 아래와 같이 3개의 명령을 추가하여 수정한다. 블루투스 연결해제 버튼을 눌렀을 때 Red 값은 1000, Green 값은 2000, Blue 값은 3000이 된다.

아두이노 코드에서 Red 값은 -1000을, Green 값은 -2000을, Blue 값은 -3000을 함으로 써 Red, Green, Blue 모두 0이 되어 RGB LED는 꺼지게 된다.

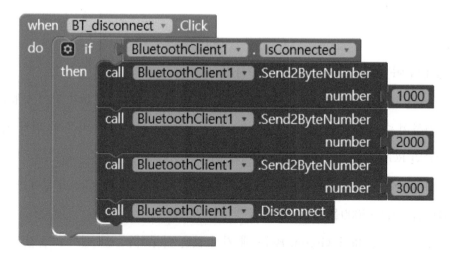

[그림 7-15] 블루투스를 연결 해제 시 RGB 값의 초기화

(4) RGB 컬러 출력하기

① 디자이너에서 Canvas2에 삽입한 Rainbow Circle을 손가락으로 터치했을 때 터치한 부분의 색깔을 읽어 들여 Canvas1에 출력하는 명령을 만든다. 우선 전역변수 Color를 생성한 다음 0으로 초기화한다.

[그림 7-16] RGB 컬러 전역변수 초기화

② Canvas2 서랍에서 when Canvas2.TouchDown 이벤트 처리기를 꺼낸다. 이 이벤트 처리기에 표시된 x, y는 Canvas2를 손가락으로 터치한 픽셀의 x, y 좌표를 의미하며 지역변수 x, y가 자동으로 생성된다.

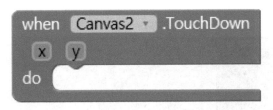

[그림 7-17] Canvas 서랍에서 좌표 설정

③ 이벤트 처리기의 홈에 아래와 같이 명령어를 만들어 끼운다. 이 명령어는 터치된 픽셀의 x 좌표, y좌표를 반올림한 다음 해당 픽셀의 색깔을 읽어서 전역변수 Color에 저장하게 되는데, 형은 Red, Green, Blue, 3개의 값으로 구성된 list이다.

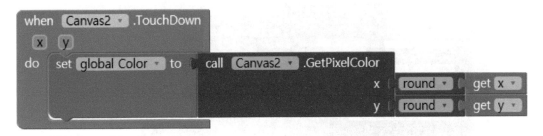

[그림 7-18] 터치된 픽셀의 데이터를 이벤트 처리

④ 그 아래에 아래 명령어를 만들어 끼운다. 이 명령어는 Color에 저장된 list 값의 1번 인덱스(Red 값)을 선택해서 LabelRval에, 2번 인덱스(Green 값)는 LabelGval에, 3번 인덱스(Blue 값)는 LabelBval에 저장하게 된다.

[그림 7-19] Color에 저장된 값을 List Index 위치에 저장

⑤ 그 아래에는 다음 명령어를 만들어 끼운다. 이 명령어는 Red, Green, Blue, 3개의 값들을 하나의 리스트로 만들어 RGB 색 모델에 해당하는 색깔을 Canvas1의 배경 색깔로 만들게 된다.

[그림 7-20] 각각의 List에 저장된 RGB 값을 하나의 List로 변환

⑥ when Canvas2.TouchDown 이벤트 처리기에 포함된 명령어는 다음과 같다.

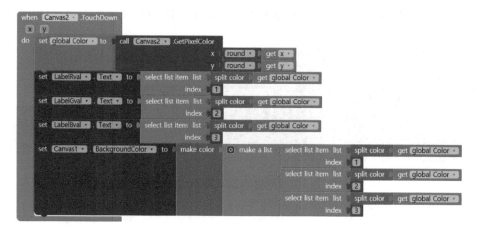

[그림 7-21] 완성된 이벤트 처리기(터치된 픽셀의 데이터)

⑦ 이번에는 Canvas2 서랍에서 when Canvas2.Dragged 이벤트 처리기를 꺼낸다. 이 이벤트 처리기에 표시된 currentX, currentY는 Canvas2를 손가락으로 드래그할 때 현재 위치한 픽셀의 x, y 좌표를 의미하며 when Canvas2.TouchDown 이벤트 처리기와 마찬가지로 지역변수 currentX, currentY가 자동으로 생성된다.

[그림 7-22] 손가락으로 드래그할 때 현재 위치 확인 이벤트 처리기

⑧ 다음과 같은 명령어를 작성한다. when Canvas2.Dragged 이벤트 처리기와 변수 X 대신 currentX, 변수 Y 대신 currentY를 call Canvas2.GetPixelColor의 x 좌표, y 좌표로 설정한 것을 제외하면 모든 명령어가 동일하다.

⑨ 지금까지 작성한 블록 코딩은 다음과 같다.

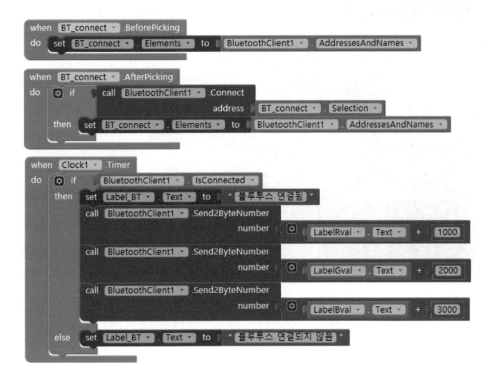

[그림 7-23] 전체 이벤트 처리기(블루투스 연결, 클릭)

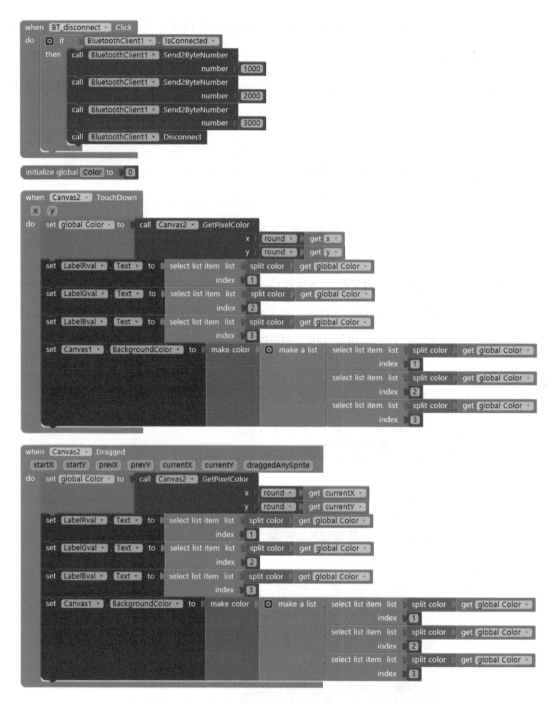

[그림 7-24] 전체 이벤트 처리기(블루투스 연결해제, 터치, 손가락 드래그)

이제 앱을 모바일 기기에 설치한 다음 실행해 본다. Rainbow Circle을 터치하거나 드래그하면 해당 색깔의 R, G, B 값이 앱에 출력되고 현재 색상이 표시되며, 아두이노에 연결된 RGB LED의 색상이 동일하게 변화하는 것을 확인할 수 있을 것이다.

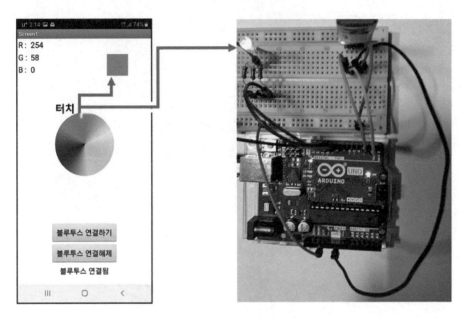

[그림 7-25] 앱과 아두이노 보드에서 확인(Red 터치)

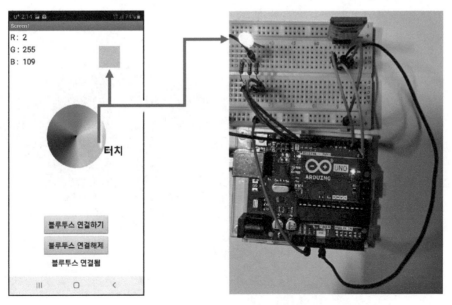

[그림 7-26] 앱과 아두이노 보드에서 확인(Green 터치)

아날로그 출력
- LED & DC모터

08 아날로그 출력 - LED & DC모터

8.1 필요한 부품

순번	부품형태	부품명
1		아두이노 UNO R3
2		브레드보드 (830 Tie Points)
3		LED (Red) 전압 : 최소 1.8V 최대 2.3V 전류 : 일반 20mA 최대 50mA
4		220Ω 이상의 저항
3		NPN 트랜지스터 (BC547B)
4		브러시 DC모터 (DC 3V~6V)
5		블루투스 모듈 (HC-05 혹은 HC-06)

8.2 배경 지식

1) DC모터

DC모터는 DC 전원에 의해 동작되는 모터로서 브러시 DC모터와 브러시리스 DC모터로 구분된다. 브러시 DC모터는 정류자와 브러시에 의해 코일에 공급되는 전류의 방향을 계속해서 변경함으로써 한쪽 방향으로 모터가 회전하도록 만들어 준다. 브러시리스 DC모터는 정류자와 브러시 대신 트랜지스터에 의해 코일에 공급되는 전류의 방향을 계속해서 변경해 준다. 이 예제에서 사용될 모터는 브러시 DC모터이다.

학습 및 교육용으로 시판되는 DC모터는 Vin과 GND, 2가닥의 선이 나와 있다. Vin을 (+)극에, GND를 (-)극에 연결하면 시계 방향으로 회전하며, Vin을 (-)극에, GND를 (+)극에 연결하면 반시계 방향으로 회전한다. 모터가 회전하는 동안 회전 방향을 전환하고 싶다면 좀 더 복잡한 형태의 회로를 직접 구성하거나 H-브리지(H-bridge)라는 소자에 의해 가능하다. 이 예제에서는 모터를 한쪽 방향으로만 회전하도록 한다.

[그림 8-1] DC모터 외형

또한, DC모터의 회전 속도는 공급되는 전압과 정비례한다. 즉 더 큰 전압을 공급할수록 DC모터의 회전 속도는 더 빨라지게 된다. 하지만 모터의 동작 전압 범위보다 큰 전압이 걸리지 않도록 주의해야 한다. 모터의 동작 범위는 데이터 시트에서 확인할 수 있다.

2) NPN 트랜지스터

트랜지스터는 작은 전압과 작은 전류를 높은 전압과 높은 전류로 증폭해 줌으로써 회로 내에서 전력을 증폭하거나 전환할 수 있는 반도체이다. 베이스(Base), 컬렉터(Collector), 이미터(Emitter)라는 3개의 전극이 있다.

[그림 8-2] 트랜지스터 외형

트랜지스터는 크게 NPN 트랜지스터와 PNP 트랜지스터로 구분되며 이 예제에서는 NPN 트랜지스터를 사용할 것이다.

NPN 트랜지스터는 베이스(B)를 HIGH로 설정하면 컬렉터(C)와 이미터(E)가 연결된다. 따라서 베이스로 더 큰 전압이 연결되면 더 많은 전류가 컬렉터에서 이미터로 흐르게 된다.

PNP 트랜지스터는 NPN 트랜지스터와 반대로 베이스(B)를 LOW로 설정하면 컬렉터(C)와 이미터(E)가 연결된다.

[그림 8-3] 트랜지스터 종류

8.3 아두이노 보드와 부품 연결

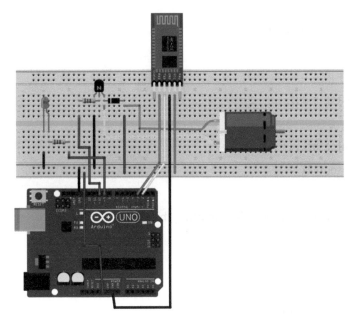

[그림 8-4] 아두이노와 DC모터 및 트랜지스터 부품 연결

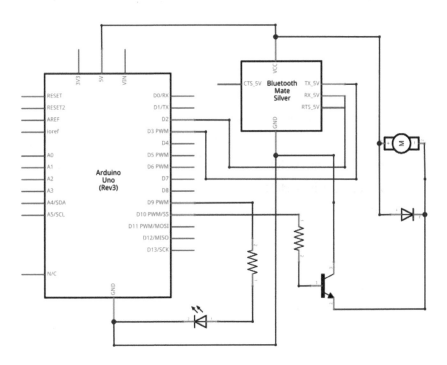

[그림 8-5] 아두이노와 DC모터 및 트랜지스터 부품 회로도

8.4 아두이노 스케치

```
1    #include <SoftwareSerial.h>
2
3    int LED = 9;
4    int DCmotor = 10;
5
6    int bluetoothTx = 2;
7    int bluetoothRx = 3;
8
9    SoftwareSerial bluetooth(bluetoothTx, bluetoothRx);
10
11   void setup()
12   {
13     pinMode(LED, OUTPUT);
14     pinMode(DCmotor, OUTPUT);
15     bluetooth.begin(9600);
16   }
17
18   void loop()
19   {
20     if(bluetooth.available() >= 2)
21     {
22       int a = bluetooth.read();
23       int b = bluetooth.read();
24       int val = (b * 256) + a;
25
26       if(val >= 0 && val <= 255)
27       {
28         analogWrite(DCmotor, val);
29       }
30
```

```
31        if(val >= 1000 && val <= 1255)
32        {
33            analogWrite(LED, val-1000);
34        }
35      }
36  }
```

```
3   int LED = 9;
4   int DCmotor = 10;
```

3, 4 : LED를 9번 핀에, DC motor를 10번 핀에 각각 연결한다.

```
20      if(bluetooth.available() >= 2)
```

20 : 작성할 앱에서 아두이노로 전송할 값은 0~1255의 범위를 가지며 2 byte 단위로 전송되도록 코딩할 것이므로 전송된 값이 2 byte인지 체크한다.

```
22      int a = bluetooth.read();
23      int b = bluetooth.read();
24      int val = (b * 256) + a;
```

22~24 : 앱에서 아두이노로 전송된 2 byte의 값을 1 byte씩 따로 읽어들인 다음 두 값을 붙여서 변수 val에 저장한다. 예를 들어 앱에서 아두이노로 1234라는 값이 전송되었다면 a에는 34(BCD 코드 00110010), b에는 12(BCD 코드 00010010)라는 값이 저장된다. 그 다음 b의 값인 12에 256를 곱하면 4608(BCD 코드 0001 0010 0000 0000)이 된다. 이 값에 a의 값인 34(BCD 코드 00110010)를 더하면 BCD 코드 0001 0010 0011 0100이 되어(1234) 이 값을 변수 color에 저장한다.

```
26        if(val >= 0 && val <= 255)
27        {
28          analogWrite(DCmotor, val);
29        }
30
31        if(val >= 1000 && val <= 1255)
32        {
33          analogWrite(LED, val-1000);
34        }
```

26~34: 앱에서 아두이노로 전송된 2 byte 값인 변수 val의 값이 0~255 사이라면 그 값을
그대로 DCMotor의 PWM 값으로 저장한다. 변수 val의 값이 1000~1255 사이라면
천의 자리 수인 1을 제거하고 LED의 PWM 값으로 저장한다.

8.5 앱 인벤터 코딩

1) 디자이너

메뉴의 Projects - My projects를 클릭하거나 Start new project를 클릭해서 새로운 프로젝트를 만든 다음 프로젝트 이름을 "DCMotor_LED"로 작성한다.

(1) Arrangement 컴포넌트 배치하기

① Layout 서랍의 컴포넌트 중 HorizontalArrangement 1개와 VerticalArrangement 2개를 Viewer 화면으로 차례대로 드래그&드롭한다. 3개의 컴포넌트 모두 Properties 패널에서 속성을 아래와 같이 변경한다.

[표 8-1] Layout 컴포넌트 설정1

컴포넌트 종류	컴포넌트 이름	변경할 속성	
Layout - HorizontalArrangement	HorizontalArrangement1	AlignHorizontal	Center : 3
		AlignVertical	Center : 2
		Height	40 percent
		Width	Fill parent
Layout - VerticalArrangement	VerticalArrangement1	AlignHorizontal	Center : 3
		AlignVertical	Center : 2
		Height	20 percent
		Width	Fill parent
Layout - VerticalArrangement	VerticalArrangement2	AlignHorizontal	Center : 3
		AlignVertical	Center : 2
		Height	40 percent
		Width	Fill parent

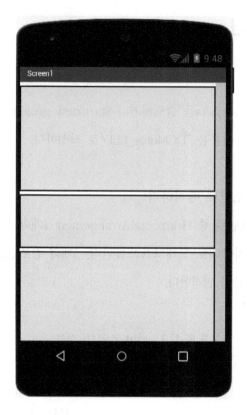

[그림 8-6] Layout 구성 화면1

② 맨 위의 HorizontalArrangement1의 안으로 VerticalArrangement 컴포넌트 2개를 차례
대로 드래그&드롭한 다음 Properties 패널에서 속성을 아래와 같이 변경한다.

[표 8-2] Layout 컴포넌트 설정2

컴포넌트 종류	컴포넌트 이름	변경할 속성	
Layout – VerticalArrangement	VerticalArrangement3	AlignHorizontal	Center : 3
		AlignVertical	Center : 2
		Height	20 percent
		Width	30 percent
Layout – VerticalArrangement	VerticalArrangement4	AlignHorizontal	Center : 3
		AlignVertical	Center : 2
		Height	20 percent
		Width	30 percent

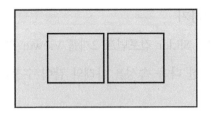

[그림 8-7] Layout 구성 화면2

③ VerticalArrangement3과 VerticalArrangement4의 안에 각각 2개씩 Label을 드래 그&드롭한다. 속성은 아래와 같이 변경한다.

[표 8-3] Label 컴포넌트 속성

컴포넌트 종류	컴포넌트 이름	변경할 속성	
User Interface - Label	Label1 (다른 이름으로 변경해도 무방함)	FontSize	18
		Text	DC Motor
		TextAlignment	center : 1
User Interface - Label	Label_DCMotorVal	FontSize	18
		Text	0
		TextAlignment	center : 1
User Interface - Label	Label3 (다른 이름으로 변경해도 무방함)	FontSize	18
		Text	LED
		TextAlignment	center : 1
User Interface - Label	Label_LEDVal	FontSize	18
		Text	0
		TextAlignment	center : 1

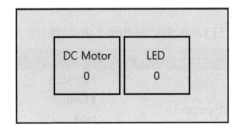

[그림 8-8] Label 컴포넌트 화면 구성

(2) Slider 컴포넌트 삽입하기

① User Interface 서랍에서 Slider 컴포넌트 2개를 Viewer 영역의 VerticalArrangement1의
안쪽으로 드래그&드롭한 다음 속성을 아래와 같이 수정한다.

[표 8-4] Slider 컴포넌트 속성

컴포넌트 종류	컴포넌트 이름	변경할 속성	
User Interface – Slider	Slider_LED	Width	80 percent
		MaxValue	255
		MinValue	0
		ThumbPosition	0
User Interface – Slider	Slider_LED	ColorLeft	☐ cyan
		Width	80 percent
		MaxValue	1255
		MinValue	1000
		ThumbPosition	0

[그림 8-9] Slider 컴포넌트 화면 구성

(3) Button 컴포넌트 삽입하기

① User Interface 서랍에서 ListPicker, Button, Label 컴포넌트를 Viewer 영역의 VerticalArrangement3
의 안쪽으로 차례대로 드래그&드롭한다.

[표 8-5] ListPicker, Button, Label 컴포넌트 속성

컴포넌트 종류	컴포넌트 이름	변경할 속성	
User Interface – ListPicker	BT_connect	FontSize	18
		Width	50 percent
		Text	블루투스 연결하기
		TextAlignment	center : 1

		FontSize	18
User Interface - Button	BT_disconnect	Width	50 percent
		Text	블루투스 연결해제
		TextAlignment	center : 1
User Interface - Label	Label_BT	FontSize	18
		Width	50 percent
		Text	...
		TextAlignment	center : 1

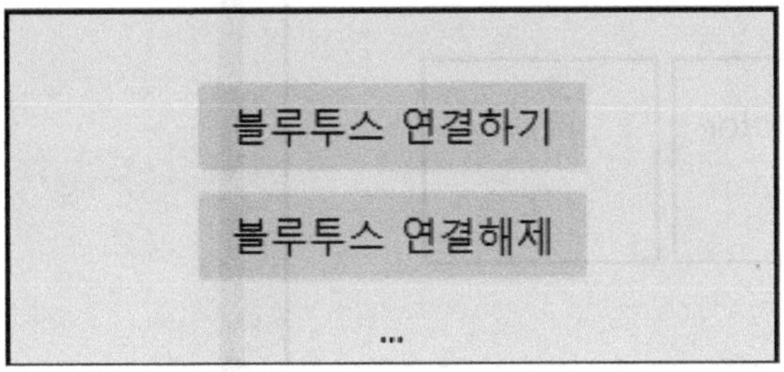

[그림 8-10] ListPicker, Button, Label 컴포넌트 화면 구성

(4) Non-visible 컴포넌트 삽입하기

Sensors 서랍의 Clock 컴포넌트와 Connectivity 서랍의 BluetoothClient 컴포넌트를 Viewer 영역으로 드래그&드롭한다. Clock1의 속성만 다음과 같이 변경한다.

[표 8-6] Clock, BluetoothClient 컴포넌트 속성

컴포넌트 종류	컴포넌트 이름	변경할 속성	
Sensors - Clock	Clock1	TimeInterval	500
Connectivity - BluetoothClient	BluetoothClient1	없음	

앱 디자이너의 최종 형태는 다음과 같다.

[그림 8-11] 전체 화면 구성

2) 블록

(1) 블루투스 통신 연결 설정하기

지금까지 했던 대로 블루투스 통신 연결과 연결 해제를 위해 아래와 같은 명령어를 작성한다.

[그림 8-12] 블루투스 통신 연결 및 해제를 위한 블록

(2) 슬라이더 바의 값 제어하기

① Slider_DCMotor 서랍에서 when Slider_DCMotor.PositionChanged 이벤트 처리기를 드래그&드롭한다. 그 다음 아래와 같이 명령어를 작성한다. 앱 인벤터의 슬라이더 바는 위치 값을 실수형으로 읽어 들이므로 round 블록에 의해 반올림해 주면 정수형의 값을 아두이노로 전송한다. 또한 그 값을 Label_DCMotorVal에 출력한다.

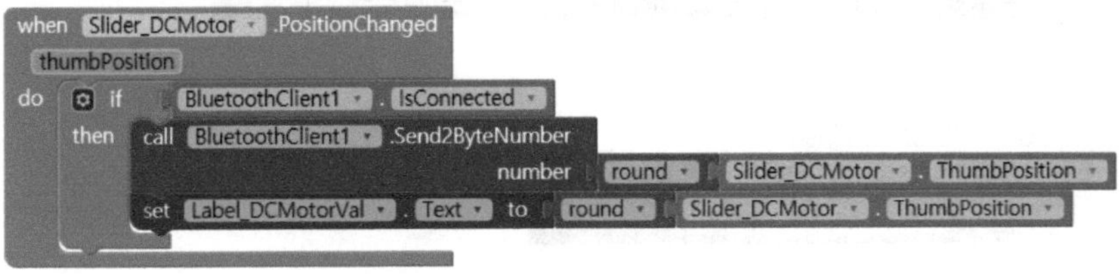

[그림 8-13] 슬라이더 바 제어

② Slider_LED 서랍에서 when Slider_LED.PositionChanged 블록을 드래그&드롭한다. 그
다음 아래와 같이 명령어를 작성한다. 앱 인벤터의 슬라이더 바는 위치 값을 실수형으로
읽어 들이므로 round 블록에 의해 반올림해 주면 정수형의 값을 아두이노로 전송한다.
Slider_LED의 값은 1000~1255 사이의 값이기 때문에 이 값에서 1000을 빼면 0~255 사
이의 값으로 변환된다. 변환된 값을 Label_LEDVal에 출력한다.

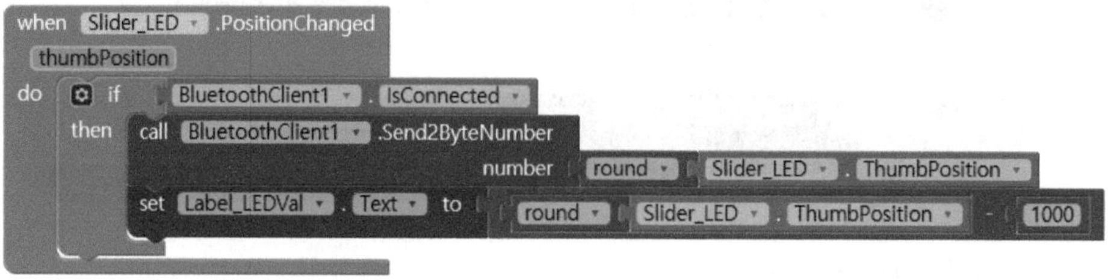

[그림 8-14] 슬라이더 바의 위치 값인 실수형을 정수형으로 처리

(3) 최종 형태

지금까지 작성한 블록 코딩은 다음과 같다.

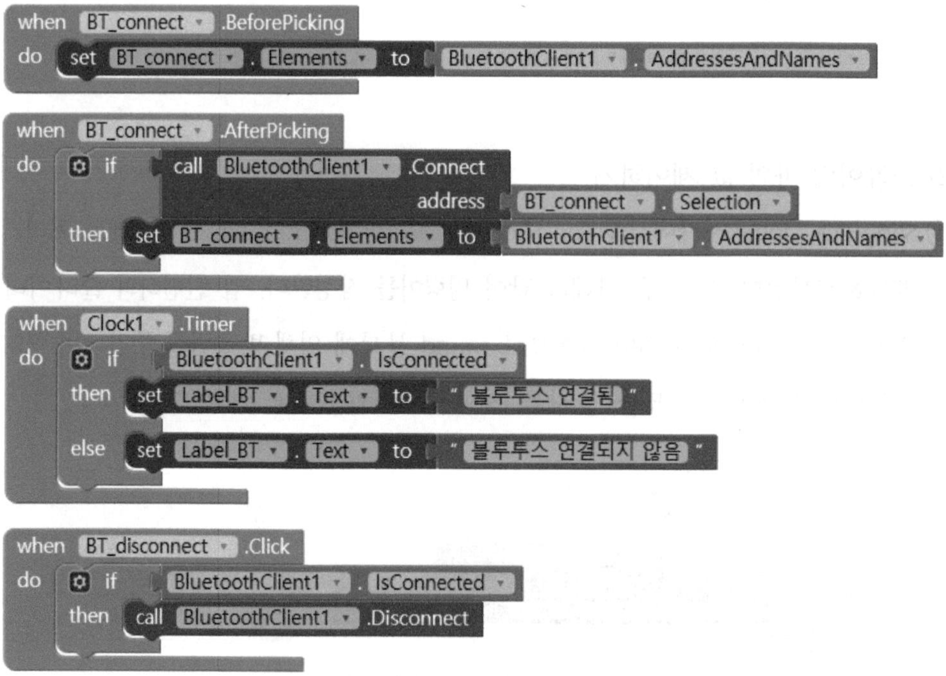

[그림 8-15] 블루투스 부분

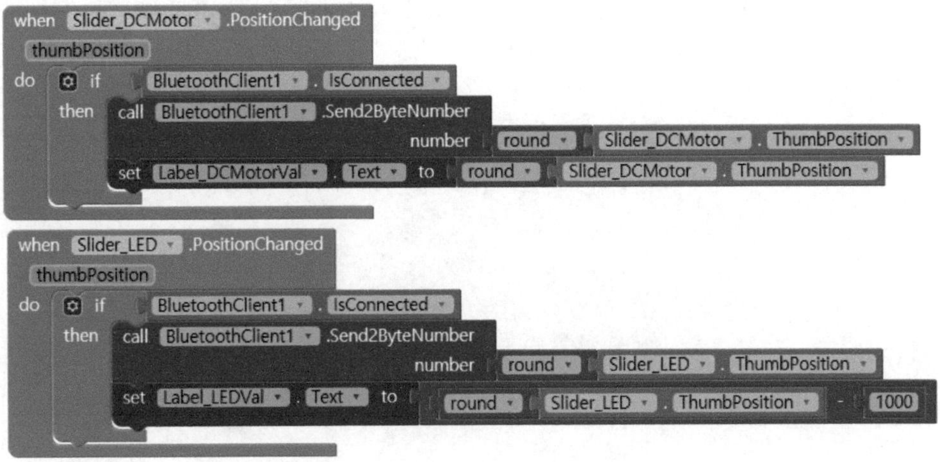

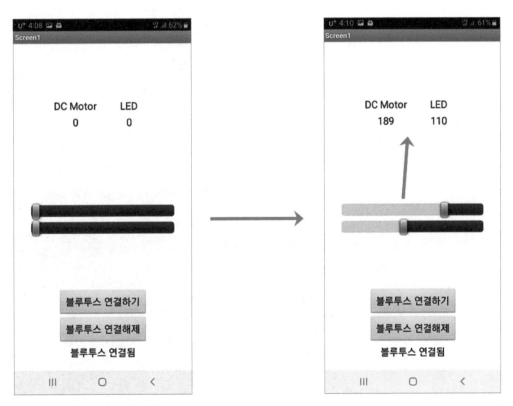

[그림 8-16] 슬라이더 바를 이용한 DC모터 및 LED 블록

이제 앱을 모바일 기기에 설치한 다음 실행해 본다. 2개의 슬라이더 바를 조정하면 0~255의 값이 출력되며 DC모터의 회전 속도와 LED의 밝기가 변화하는 것을 확인할 수 있을 것이다.

[그림 8-17] 앱에서 슬라이더로 표현한 DC모터 및 LED 값 확인

Chapter 09

아날로그 입력1(공기청정기 제작)
- 미세먼지 센서(GP2Y1010AU0F) 활용

아날로그 입력1(공기청정기 제작)

9.1 필요한 부품

순번	부품형태	부품명
1		아두이노 UNO R3
2		브레드보드 (830 Tie Points)
3		150Ω 저항
4		220㎌ 커패시터
5		GP2Y1010AU0F 미세먼지 센서
6		블루투스 모듈 (HC-05 혹은 HC-06)

9.2 배경 지식

GP2Y1010AU0F 센서는 SHARP 사에서 제조한 제품으로서 광학식으로 미세 먼지를 검출하는 센서이다. PM2.5(먼지의 지름이 2.5㎛) 이하의 먼지까지 측정 가능한 센서로 저렴한 편이어서 많이 사용된다.

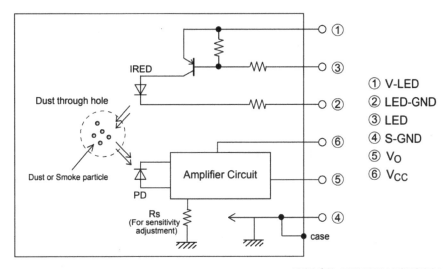

이미지 출처: GP2Y1010AU0F 데이터 시트

[그림 9-1] GP2Y1010AU0F의 내부 구조

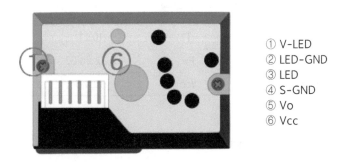

① V-LED
② LED-GND
③ LED
④ S-GND
⑤ Vo
⑥ Vcc

[그림 9-2] GP2Y1010AU0F 핀 맵

GP2Y1010AU0F는 가운데 원형의 구멍에 설치된 IRED(적외선 발광 다이오드)를 통해 먼지의 농도를 검출하는 센서이다. 핀 맵은 왼쪽부터 1번, 맨 오른쪽이 6번이다. 1번과 2번으로 ILED에 전원을 공급해 주고, 3번 핀에 PNP 트랜지스터를 연결해 적외선 LED를 제어한다.

4번과 6번 핀을 통해 중폭기에 전원을 공급하고 PD(포토 다이오드)를 통해 감지된 미세한 신호를 중폭기에 의해 증폭한 다음 신호를 5번 핀을 통해 아날로그 형식으로 출력한다.

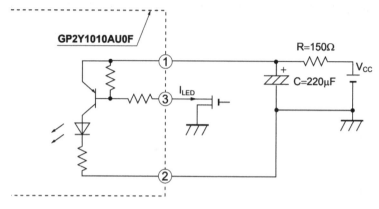

이미지 출처: GP2Y1010AU0F 데이터 시트

[그림 9-3] 미세먼지 센서(GP2Y1010AU0F) 내부 회로

미세먼지 센서를 제어하기 위한 회로를 구성하기 위해서는 150Ω 저항과 220uF 커패시터를 통해 시정수를 맞춰야 한다. 해당 회로를 구성하지 않으면 미세먼지 센서가 제대로 동작하지 않는다.

[표 9-1] 미세먼지 센서의 파라미터

Parameter	Symbol	Value	Unit
Pulse Cycle	T	10±1	ms
Pulse Width	Pw	0.32±0.02	ms
Operating Supply voltage	Vcc	5±0.5	V

Pulse-driven wave form

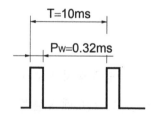

[그림 9-4] 미세먼지 센서(GP2Y1010AU0F)의 Pulse-driven

IRED의 주기는 10ms이며, 이 중 IRED를 ON 시키는 시간은 0.32ms가 되어야 한다. 그러므로 나머지 시간, 즉 10 - 0.32 = 9.68ms 동안은 적외선 LED를 OFF 시켜야 한다.

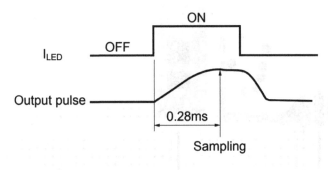

[그림 9-5] 미세먼지 센서(GP2Y1010AU0F)의 Output pulse

위 그림 9-5는 IRED가 ON 된지 0.28ms 후에 정상적인 아날로그 값을 받을 수 있다는 의미이다.

그러므로 0.32ms 동안 IRED를 ON 시켜야 하고 ON 된지 0.28ms 후에는 아날로그 값을 읽고, 0.04ms(= 0.32 - 0.28) 후에는 적외선 LED를 OFF 시켜야 한다.

1ms보다 짧은 시간 동안 ON/OFF 되는 동작을 만들어야 하기 때문에 스케치를 작성할 때에는 μs 단위로 코드를 작성해야 할 것이다.

9.3 아두이노 보드와 부품 연결

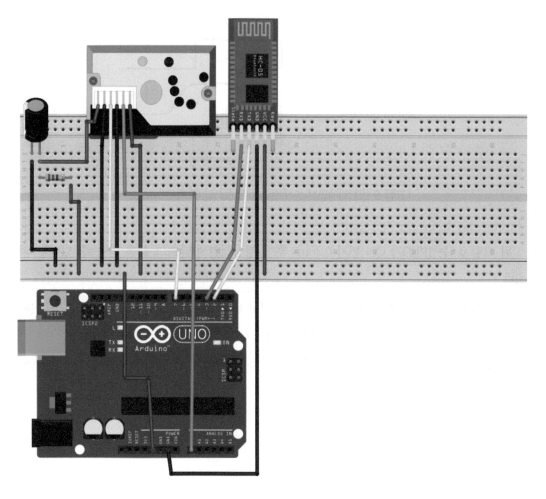

[그림 9-6] 아두이노와 센서(GP2Y1010AU0F) 부품 연결

9.4 아두이노 스케치

```
1    int ledPower = 4;              // Sensor Pin 4 – D4
2    int dustPin = A5;              // Sensor Pin 5 – A5
3
4    int delayTime = 280;
5    int delayTime2 = 40;
6    float offTime = 9680;
7
8    boolean amCHK=true;            // auto & manual check
9
10   #include <SoftwareSerial.h>
11   SoftwareSerial bt(2, 3);
12
13   void setup() {
14     Serial.begin(9600);
15     pinMode(ledPower, OUTPUT);
16     pinMode(dustPin, INPUT);
17
18     delay(100);                  // 100 msec delay
19     bt.begin(9600);              // bps is transmission unit of bluetooth port
20
21     for(int p=4; p<=13; p++){
22       pinMode(p, 1);
23     }
24     digitalWrite(12, 0);
25
26     while(!Serial);
27     Serial.println( "** Start **\nInstruction: Command." );
28   }
29
30   void loop() {
```

```
31     if(bt.available()){
32       byte cmd=bt.read();
33       if(cmd=='a')amCHK=true;
34       if(cmd=='m')amCHK=false;
35       if(amCHK==false){
36           analogWrite(6, cmd);
37           //bt.write('M');
38       }
39     }
40
41     if(amCHK==true){
42       //bt.write('A');
43       digitalWrite(ledPower, LOW);     // power on the LED
44       delayMicroseconds(delayTime);
45
46       float dustVal = analogRead(dustPin);
47
48       delayMicroseconds(delayTime2);
49       digitalWrite(ledPower, HIGH);    // turn the LED off
50       delayMicroseconds(offTime);
51
52       // calculate dust density
53       // y (dust density mg/m3) = 0.172 * x - 0.0999
54       float dustDensity = (0.172*(dustVal*(5/1024.0))-0.0999)*1000;
55       Serial.print("dustDensity=");
56       Serial.println(dustDensity);
57
58       if(dustDensity >= 500) {
59         dustControl(9,1,10,0,11,0,6,255);
60       }
61       else if(dustDensity >= 300 && dustDensity < 500) {
62         dustControl(9,0,10,1,11,0,6,128);
63       }
```

```
64    else if(dustDensity >= 150 && dustDensity < 300) {
65       dustControl(9,0,10,0,11,1,6,50);
66    }
67    else if(dustDensity < 150) {
68       dustControl(9,0,10,0,11,0,6,0);
69    }
70  }
71  }
72
73  void dustControl(int R, int r, int G, int g, int B, int b, int DC, int pwm){
74    digitalWrite(R, r);
75    digitalWrite(G, g);
76    digitalWrite(B, b);
77    analogWrite(DC, pwm);
78    delay(1000);
79  }
```

```
1  int ledPower = 4;    // Sensor Pin 4 - D4
2  int dustPin = A5;    // Sensor Pin 5 - A5
```

1, 2 : 미세먼지 센서의 LED 파워 공급을 위한 D4 pin에 연결한다. 그리고 미세먼지 센서 값 입력은 A5 pin에 연결한다.

```
4  int delayTime = 280;
5  int delayTime2 = 40;
6  float offTime = 9680;
```

4~6 : [그림 9-4] 및 [그림 9-5]와 같이 미세먼지 센서의 Pulse-driven과 Output pulse를 참고하여 각각의 신호 처리를 위한 지연시간이다.

```
8    boolean amCHK=true;    // auto & manual check
```

8: 자동운전과 수동운전을 구분하는 논리 변수 선언이다.

```
10    #include <SoftwareSerial.h>
11    SoftwareSerial bt(2, 3);
```

10, 11: 블루투스 모듈에서 아두이노에 연결되는 핀 번호를 정의하고, Tx는 2번 핀에, Rx는
        3번 핀에 연결한다. SoftwareSerial 객체를 만들어 블루투스 통신에 이용될 시리얼
        함수를 'bt'를 사용할 수 있도록 한다.

```
13    void setup() {
14      Serial.begin(9600);
15      pinMode(ledPower, OUTPUT);
16      pinMode(dustPin, INPUT);
17
18      delay(100);                  // 100 msec delay
19      bt.begin(9600);              // bps is transmission unit of bluetooth port
```

13~19: setup() 함수는 단 한 번 실행되는 명령어들이 포함되는 함수로서 하드웨어 입출력
        설정, 통신 속도 설정 등이 포함된다. 여기서는 시리얼 모니터를 사용하기 위한 시
        리얼 포트와 블루투스 모듈을 사용하기 위한 시리얼 포트를 각각 9600bps의 속도
        로 초기화한다.

15, 16: 미세먼지 센서를 위한 LED 파워(D4)는 출력으로 센서 입력 값(A5)은 입력으로 설정
        한다.

```
21    for(int p=4; p<=13; p++){
22      pinMode(p, 1);
```

```
23        }
24      digitalWrite(12, 0);
```

21~24: 아두이노 디지털 핀 4번에서 13번까지를 출력모드로 설정하고, RGB LED는 9번 핀에 Red, 10번 핀에 Green, 11번 핀에 Blue, 그리고 12번 핀은 GND핀으로 각각 연결한다. RGB LED의 GND 12번 핀을 0V(LOW) 처리를 위해서 12핀의 출력을 0(Low)값의 디지털 값을 출력한다.

```
26      while(!Serial);
27      Serial.println( " ** Start **\nInstruction: Command. " );
28    }
```

26~28: 시리얼 통신이 연결되면 시리얼 모니터로부터 "** Start **"와 "Instruction: Command."의 문자열을 2줄로 표시가 된다. 여기에서 '\n' 제어문자는 다음 줄을 뜻한다.

```
30    void loop() {
```

30: loop 함수는 무한히 반복되어 실행된다. 아두이노에서 실제로 실행되는 명령어들은 loop 함수 내에 포함된다.

```
31      if(bt.available()){
32        byte cmd=bt.read();
33        if(cmd== ' a ' )amCHK=true;
34        if(cmd== ' m ' )amCHK=false;
35        if(amCHK==false){
36          analogWrite(6, cmd);
37          //bt.write( ' M ' );
```

38	}
39	}

31~39 : 블루투스(bt) 함수에서 avaialble 함수는 블루투스 통신에 의해 송신된 데이터의 바
이트 개수를 반환한다. 즉 블루투스 모듈에서 송신된 데이터가 1바이이트이면 1, 2
바이트이며 2가 되며, 송신된 데이터가 없으면 0이 된다. 여기에서 0은 거짓을 의미
하며 나머지는 모두 참을 뜻한다.

32 : 임의의 바이트가 송신되면 참으로 cmd 변수에 송신된 데이터를 저장한다.

33~34 : 이때 저장된 문자가 'a'이면 자동, 'm'이면 수동으로 처리하기 위해서 amCHK 변수
를 이용하여 구분하였다.

35 : 여기서 수동으로 판단이 되면 모터의 속도는 cmd에 기억된 값(109)으로 구동하게 된다.

41	if(amCHK==true){

41 : 블루투스에서 송신된 값 cmd가 'a'이면 자동으로 41번 줄에서 71번 줄까지의 if문을 수
행하게 된다.

43	digitalWrite(ledPower, LOW); // power on the LED
44	delayMicroseconds(delayTime);
45	
46	float dustVal = analogRead(dustPin);
47	
48	delayMicroseconds(delayTime2);
49	digitalWrite(ledPower, HIGH); // turn the LED off
50	delayMicroseconds(offTime);

43~50 : [그림 9-5]의 미세먼지 센서의 Output pulse를 참고해 보면 LED 파워를 On 하고
delay 시간이 280 마이크로초 지연이 필요하다. 여기서 43번 줄과 44번 줄이 담당
한다. 46번 줄에서 미세먼지 센서 값을 읽어 dustVal 변수에 기억한다.

48~50: 그림 9-5의 미세먼지 센서의 Pulse-driven을 참고해 보면 LED On 지연 시간이 320 마이크로초가 필요한데 앞서 280 마이크로초를 지연하였고 40마이크로초가 부족하므로 48번 줄에서 40 마이크로초 지연한 후에 LED 파워를 Off한다. 이후 9680 마이크로초 지연하여 전체 10 밀리초 지연을 한다. 이 같은 주기를 cmd가 'a'인 자동일 때 반복하여 미세먼지 센서의 값을 읽어 연산처리한다.

54	`float dustDensity = (0.172*(dustVal*(5/1024.0))-0.0999)*1000;`
55	`Serial.print("dustDensity=");`
56	`Serial.println(dustDensity);`

54: 읽은 센서 값을 5V 전압을 기준으로 10비트 분해하여 dustDensity 변수에 기억하여 아래 if문의 판단으로 RGB LED 및 DC모터의 회전 속도를 결정한다.

58	`if(dustDensity >= 500) {`
59	`  dustControl(9,1,10,0,11,0,6,255);`
60	`}`
61	`else if(dustDensity >= 300 && dustDensity < 500) {`
62	`  dustControl(9,0,10,1,11,0,6,128);`
63	`}`
64	`else if(dustDensity >= 150 && dustDensity < 300) {`
65	`  dustControl(9,0,10,0,11,1,6,50);`
66	`}`
67	`else if(dustDensity < 150) {`
68	`  dustControl(9,0,10,0,11,0,6,0);`
69	`}`

58: 기억된 dustDensity 값이 500 이상이면 Red LED만 켜고, DC모터의 속도는 아날로그 값 255(고속)를 전달하여 처리된다.

61: 기억된 dustDensity 값이 300 이상이고 500 미만이면 Green LED만 켜고, DC모터의

속도는 아날로그 값 128(중속)을 전달하여 처리된다.

64: 기억된 dustDensity 값이 150 이상이고 300 미만이면 Blue LED만 켜고, DC모터의 속도는 아날로그 값 50(저속)을 전달하여 처리된다.

67: 기억된 dustDensity 값이 150 미만이면 모든 LED는 꺼지고, DC모터의 속도는 아날로그 값 0(정지)을 전달하여 처리된다.

```
73    void dustControl(int R, int r, int G, int g, int B, int b, int DC, int pwm){
74        digitalWrite(R, r);
75        digitalWrite(G, g);
76        digitalWrite(B, b);
77        analogWrite(DC, pwm);
78        delay(1000);
79    }
```

73~79: loop 함수 내에서 justDensity 값의 판단에 따라 호출된 dustControl 함수는 RGB LED 및 DC모터의 속도 값인 PWM을 전달받아 처리된다.

9.5 앱 인벤터 코딩

1) 디자이너

메뉴의 Projects - My projects를 클릭하거나 Start new project를 클릭해서 새로운 프로젝트를 만든 다음 프로젝트 이름을 "dustDensity_am"로 작성한다.

[그림 9-7] 앱 인벤터 전체 구성

(1) Arrangement 컴포넌트 배치하기

① Layout 서랍의 컴포넌트 중 HorizontalArrangement 3개를 Viewer 화면으로 차례대로 드래그 & 드롭한다. 3개의 컴포넌트 모두 Properties 패널에서 속성은 아래 [표 9-2]를 참고하여 변경한다.

[표 9-2] Layout 컴포넌트 설정1

컴포넌트 종류	컴포넌트 이름	변경할 속성	
Layout - HorizontalArrangement	HorizontalArrangement1	AlignHorizontal	Center : 3
		AlignVertical	Center : 2
		Height	20 percent
		Width	Fill parent
Layout - HorizontalArrangement	HorizontalArrangement2	AlignHorizontal	Center : 3
		AlignVertical	Center : 2
		Height	Automatic
		Width	Fill parent
Layout - HorizontalArrangement	HorizontalArrangement3	AlignHorizontal	Center : 3
		AlignVertical	Center : 2
		Height	Automatic
		Width	Fill parent

(2) ListPicker, Button, Label 컴포넌트 삽입하기

① User Interface 서랍에서 ListPicker, Button, Label 컴포넌트를 Viewer 영역의 HorizontalArrangement1 의 안쪽으로 차례대로 드래그&드롭한다. 속성은 아래 [표 9-3]을 참고하여 수정한다.

② Label 컴포넌트는 HorizontalArrangement1 아래 쪽에 드래그&드롭한다. 속성은 아래 [표 9-3]을 참고하여 수정한다.

[표 9-3] ListPicker, Button, Label 컴포넌트 속성

컴포넌트 종류	컴포넌트 이름	변경할 속성	
User Interface - ListPicker	lpButton	FontSize	20
		Width	Fill parent
		Text	블루투스 찾기
		TextAlignment	center : 1
User Interface - Button	nmButton	FontSize	20
		Width	Fill parent
		Text	블루투스 해제
		TextAlignment	center : 1

컴포넌트 종류	컴포넌트 이름	변경할 속성	
User Interface - Label	lblMessage	FontSize	20
		Width	Fill parent
		Text	Text for Label1
		TextAlignment	center : 1

(3) Button 컴포넌트 삽입하기

User Interface 서랍에서 Button 컴포넌트를 Viewer 영역의 HorizontalArrangement2의
안쪽으로 차례대로 드래그&드롭한다. 속성은 아래 [표 9-4]를 참고하여 수정한다.

[표 9-4] Button 컴포넌트 속성

컴포넌트 종류	컴포넌트 이름	변경할 속성	
User Interface - Button	nmAutoButton	FontSize	20
		Width	Fill parent
		Text	자동
		TextAlignment	center : 1
User Interface - Button	nmManualButton	FontSize	20
		Width	Fill parent
		Text	수동
		TextAlignment	center : 1

(4) Slider, Label 컴포넌트 삽입하기

① User Interface 서랍에서 Slider 컴포넌트를 Viewer 영역의 VerticalArrangement3의 안
쪽으로 드래그&드롭한다. 속성은 아래 [표 9-5]를 참고하여 수정한다.

② Label 컴포넌트는 HorizontalArrangement3 아래 쪽에 드래그&드롭한다. 속성은 아래
[표 9-5]를 참고하여 수정한다.

[표 9-5] Slider 컴포넌트 속성

컴포넌트 종류	컴포넌트 이름	변경할 속성	
User Interface - Slider	sldDCMotorControl	Width	90 percent
		MaxValue	255
		MinValue	0
		ThumbPosition	0
User Interface - Label	lblsldValue	FontSize	20
		Width	Fill parent
		Text	Text for Label1
		TextAlignment	center : 1

(5) Non-visible 컴포넌트 삽입하기

Sensors 서랍의 Clock 컴포넌트와 Connectivity 서랍의 BluetoothClient 컴포넌트를 Viewer 영역으로 드래그&드롭한다. Clock1의 속성만 다음과 같이 변경한다.

[표 9-6] Clock, BluetoothClient 컴포넌트 속성

컴포넌트 종류	컴포넌트 이름	변경할 속성	
Sensors - Clock	Clock1	TimeInterval	1000
Connectivity - BluetoothClient	BluetoothClient1	없음	

2) 블록

(1) 블루투스 통신 연결 설정하기

지금까지 했던 대로 블루투스 통신 연결과 연결 해제를 위해 아래와 같은 명령어를 작성한다.

[그림 9-8] 블루투스 통신 연결 및 해제를 위한 블록

(2) 슬라이더 바의 값 제어하기

① sldDCMotorControl 서랍에서 when sldDCMotorControl.PositionChanged 이벤트 처리기를 드래그&드롭한다. 그 다음 아래와 같이 명령어를 작성한다.

② 앱 인벤터의 슬라이더 바는 위치 값을 실수형으로 읽어들이므로 round 블록에 의해 반올림해 주면 정수형의 값을 아두이노로 전송한다. 또한 그 값을 lblsldValue에 출력한다.

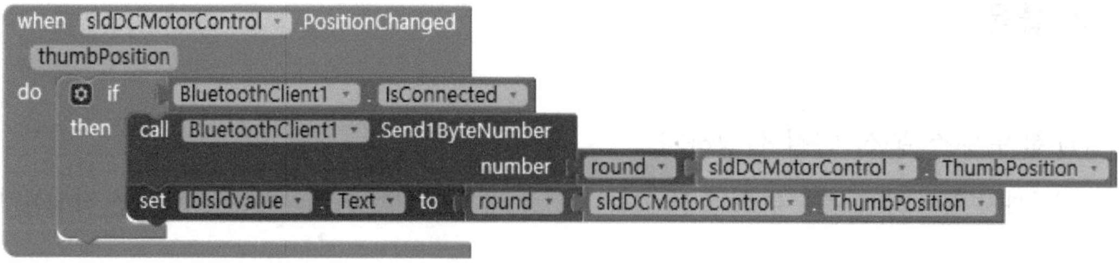

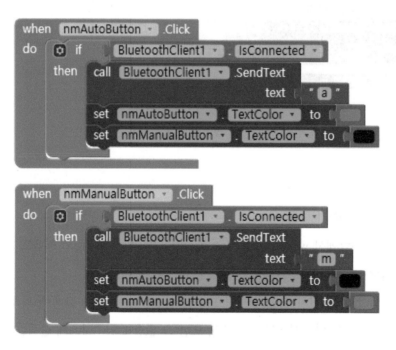

[그림 9-9] 슬라이더 바 제어

(3) 자동 및 수동 제어하기

nmAutoButton 서랍에서 when nmAutoButton.Click 이벤트 처리기를 드래그&드롭한다. 동일한 방법으로 nmManualButton 서랍에서 when nmManualButton.Click 이벤트 처리기를 드래그&드롭한다. 그다음 아래와 같이 명령어를 작성한다.

[그림 9-10] 자동/수동 버튼 제어

이제 앱을 모바일 기기에 설치한 다음 실행해 본다.

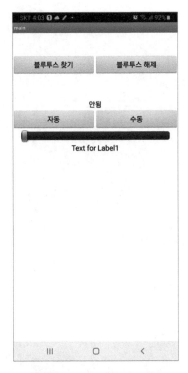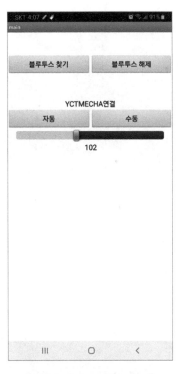

[그림 9-11] 앱에서 공기청정기 동작 확인

Chapter 10

아날로그 입력2(스타일러 제작)
- 습도 센서 활용

10 아날로그 입력2(스타일러 제작)

10.1 필요한 부품

순번	부품형태	부품명
1		아두이노 UNO R3
2		브레드보드 (830 Tie Points)
3		습도 센서
4		블루투스 모듈 (HC-05 혹은 HC-06)

10.2 배경 지식

습도 센서 WTS3535는 습도량에 비례하여 출력 전압이 선형적 변화하는 디바이스이다. 센서의 동작전압이 5V일 때, 습도(RH) = 1에서 센서는 1012mV 전압을 출력하고, RH=10일 때는 출력전압(Vout)이 1255mV가 된다. 이러한 습도 RH와 출력전압은 다음 다항식에 의해 구할 수 있다.

$$RH = -\frac{19.7}{0.54} + \frac{100}{0.54} \cdot \frac{V_{RH}}{V_{DD}}$$

센서의 출력전압 V_{RH}에 대해 정리하면 식은 다음과 같다.

$$V_{RH} = \left(RH + \frac{19.7}{0.54}\right) \cdot \frac{0.54}{100} \cdot V_{DD}$$

센서의 동작전압은 2.4V ~ 5.5V으로 RH(%) 1~100까지 측정이 가능하다.

동작전압 V_{DD} = 5Volt 일 때 습도(RH) v.s. V_{RH}(mv)의 룩업 테이블은 다음과 같다.

[표 10-1] 습도 센서 동작 전압에 따른 룩업 테이블

RH (%)	Vout (mv)	RH (%)	Vout (mv)	RH (%)	Vout (mv)	RH (%)	Vout (mv)	RH (%)	Vout (mv)
1	1012	21	1552	41	2092	61	2632	81	3172
2	1039	22	1579	42	2119	62	2659	82	3199
3	1066	23	1606	43	2146	63	2686	83	3226
4	1093	24	1633	44	2173	64	2713	84	3253
5	1120	25	1660	45	2200	65	2740	85	3280
6	1147	26	1687	46	2227	66	2767	86	3307
7	1174	27	1714	47	2254	67	2794	87	3334
8	1201	28	1741	48	2281	68	2821	88	3361
9	1228	29	1768	49	2308	69	2848	89	3388
10	1255	30	1795	50	2335	70	2875	90	3415
11	1282	31	1822	51	2362	71	2902	91	3442
12	1309	32	1849	52	2389	72	2929	92	3469
13	1336	33	1876	53	2416	73	2956	93	3496
14	1363	34	1903	54	2443	74	2983	94	3523
15	1390	35	1930	55	2470	75	3010	95	3550
16	1417	36	1957	56	2497	76	3037	96	3577
17	1444	37	1984	57	2524	77	3064	97	3604
18	1471	38	2011	58	2551	78	3091	98	3631
19	1498	39	2038	59	2578	79	3118	99	3658
20	1525	40	2065	60	2605	80	3145	100	3685

[그림 10-1]은 센서 WTS3535의 내부 블록도를 보이고 있다. *RH* 센서의 데이터는 ADC 블록과 캘리브레이션 메모리 블록의 데이터를 이용하여 데이터 처리와 선형화 과정을 거쳐 습도 센서 전압으로 표현된다.

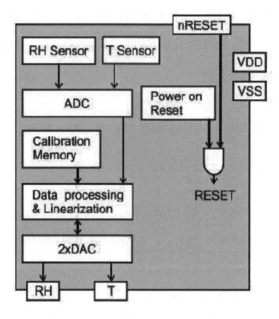

[그림 10-1] 습도 센서 내부 블록도

센서는 4핀의 커넥터를 사용하며 각핀은 Pin1 = GND, Pin2 = Vcc, Pin3 = Temperature, Pin4 = Humidity이다. Pin out은 다음 [표 10-2]와 같다.

[표 10-2] 습도 센서 Pin out

Pin	Pin Name	설명	케이블 색상
1	GND	Ground	Red
2	VCC	공급 전압	Black
3	TEMP OUT	온도	Brown
4	HUMI OUT	습도	Yellow

10.3 아두이노 보드와 부품 연결

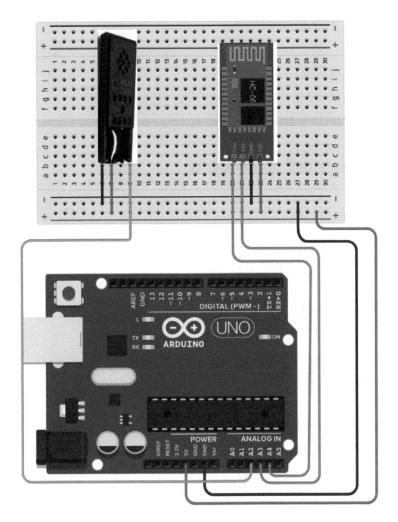

[그림 10-2] 아두이노와 습도 센서 부품 연결

10.4 아두이노 스케치

```
1    #include <SoftwareSerial.h>
2
3    char PIN_BT_RX = A4;
4    char PIN_BT_TX = A3;
5    char PIN_HUMIDITY = A2;
6
7    SoftwareSerial bt(PIN_BT_TX, PIN_BT_RX);
8
9    char humiCheckStatus;
10   unsigned int RHvalue;
11   unsigned long timePrevious = 0;
12
13   int Humidity_Read();
14
15   //******************************************
16   void setup()
17   {
18     pinMode(PIN_HUMIDITY, INPUT);
19     pinMode(LED_BUILTIN, 1);
20
21     Serial.begin(9600);
22     delay(100);
23     bt.begin(9600);
24
25     humiCheckStatus = 0;
26
27     while(!Serial);
28     Serial.println("\n** Start **");
29   }
30
```

```
31  //*******************************************
32  void loop()
33  {
34    if(bt.available() > 0)
35    {
36      char cmd=(char)bt.read();      // Bluetooth reading
37      switch(cmd)
38      {
39        case 'H':
40          humiCheckStatus = 1;
41          digitalWrite( LED_BUILTIN, 1);
42          Serial.println("Humidity check On");
43          break;
44        case 'h':
45          humiCheckStatus = 0;
46          digitalWrite( LED_BUILTIN, 0);
47          Serial.println("Humidity check Off");
48          break;
49        case 'i':
50          if(humiCheckStatus == 1)
51          {
52            unsigned char bData[2]={0, 0};
53            bData[0] = RHvalue % 256;
54            bData[1] = RHvalue / 256;
55            bt.write(bData[0]);
56            bt.write(bData[1]);
57          }
58        default:
59          //blank
60          break;
61      }
62    }
63
```

```
64      if(humiCheckStatus == 1)
65      {
66        unsigned long time;
67
68        time = millis();
69        if(time > (timePrevious+200))
70        {
71          RHvalue = Humidity_Read();
72          timePrevious = time;
73        }
74      }
75    }
76
77    //*****************************************
78    int Humi_mV_Tbl[18] =
79    {1235, 1390, 1540, 1685, 1825,
80     1960, 2090, 2220, 2350, 2480,
81     2605, 2730, 2860, 2990, 3125,
82     3260, 3400, 3530};
83
84    int Humi_RH_Tbl[18] =
85    {10,   15,   20,   25,   30,
86     35,   40,   45,   50,   55,
87     60,   65,   70,   75,   80,
88     85,   90,   95 };
89
90    int Humidity_Read()
91    {
92      int val, idx, rh;
93      float fVout, fmVout;
94
95      val = analogRead(PIN_HUMIDITY);
96      fVout = ( 5.0*val )/1024.0;
```

```
97      fmVout = fVout * 1000;
98      for(idx=0; idx<18; idx++)
99      {
100       if(fmVout <= Humi_mV_Tbl[idx])
101       {
102         Serial.print("Idx:");
103         Serial.print(idx);
104         rh = Humi_RH_Tbl[idx];
105         break;
106       }
107     }
108     Serial.print(", AD:");
109     Serial.print(val);
110     Serial.print(", Vout:");
111     Serial.print(fVout);
112     Serial.print(", mV:");
113     Serial.print(fmVout);
114     Serial.print(", RH:");
115     Serial.println(rh);
116
117     return (rh);
118 }
```

이 스케치는 습도 센서인 WTS3535를 입력 장치로 사용하여 센서 주변 습도 값을 읽어 스마트폰으로 전송하는 기능의 코드를 구현한다.

```
3   char PIN_BT_RX = A4;
4   char PIN_BT_TX = A3;
5   char PIN_HUMIDITY = A2;
```

3, 4: 블루투스 통신을 위한 시리얼 통신 포트를 PIN_BT_RX와 PIN_BT_TX 변수로 정의한

다. PIN_BT_RX는 블루투스의 RX 핀명을 나타내고 PIN_BT_TX는 블루투스 TX 핀명을 의미한다.

5: 습도 센서의 출력은 아날로그 전압으로 출력한다. 아두이노의 아날로그 핀 A2를 습도 센서 핀명 PIN_HUMIDITY로 정의한다.

```
7    SoftwareSerial bt(PIN_BT_TX, PIN_BT_RX);
8
9    char humiCheckStatus;
10   unsigned int RHvalue;
11   unsigned long timePrevious = 0;
12
13   int Humidity_Read();
```

7: 블루투스를 통신을 위한 TX, RX 핀을 설정한다.

9~11: 프로그램에서 사용할 변수를 정의한다. humiCheckStatus는 습도 센서 읽기를 수행 여부를 판단하는 플래그로 사용한다. RHvalue는 습도 값을 저장하는 변수이다. timePrevious는 시간 값을 저장하기 위한 변수이다.

13: 습도 센서의 아날로그 값을 읽어 습도(RH)로 반환하는 함수이다.

```
16   void setup()
17   {
18     pinMode(PIN_HUMIDITY, INPUT);
19     pinMode(LED_BUILTIN, 1);
20
21     Serial.begin(9600);
22     delay(100);
23     bt.begin(9600);
24
```

```
25      humiCheckStatus = 0;
26
27      while(!Serial);
28      Serial.println("\n** Start **");
29  }
```

18, 19: 습도 센서의 아날로그 전압을 읽기 위해 PIN_HUMIDITY 핀을 입력하고 LED_
　　　　 BUILTIN(13번 핀)은 출력핀으로 선언한다.

21, 23: 시리얼 모니터와 블루투스의 통신 속도를 9600bps로 선언한다.

22: 시리얼 모니터의 통신 속도를 설정하고 블루투스의 통신 속도를 안정적으로 설정하기
　　 위해 100ms의 시간을 대기한다.

25: loop 프로그램을 시작하기 전 loop에서 사용할 변수를 초기화한다. 변수 초기화는 처
　　 음 1회만 하기 때문에 setup 함수에서 수행한다.

27: Serial 포트가 사용 가능할 때까지 대기한다. Serial 함수는 호출하였을 때 포트 사용
　　 이 가능하면 true를 리턴한다.

```
36      char cmd=(char)bt.read();      // Bluetooth reading
37      switch(cmd)
38      {
```

36: 블루투스 포트에서 1바이트를 읽어 cmd 변수에 저장한다.

37, 38: switch 구문은 cmd 변수의 값이 일치하는 case 구문을 검색하여 해당 case 구문
　　　　 으로 이동한다. 만일 일치하는 case가 없으면 default 구문으로 이동하여 switch
　　　　 루프를 끝낸다.

```
39        case 'H':
40            humiCheckStatus = 1;
41            digitalWrite( LED_BUILTIN, 1);
42            Serial.println("Humidity check On");
43            break;
```

39~43: cmd 데이터가 아스키코드 'H'일 때 40~43 라인의 구문을 수행한다. humiCheckStatus 값을 1로 변경한다. 그리고 아두이노 보드에 실장되어 있는 LED를 ON 하고 시리 얼 모니터에 "Humidity check On" 메시지를 출력한다.

```
44        case 'h':
45            humiCheckStatus = 0;
46            digitalWrite( LED_BUILTIN, 0);
47            Serial.println("Humidity check Off");
48            break;
```

44~48: cmd 데이터가 아스키코드 'h'일 때 45~48 라인의 구문을 수행한다. humiCheckStatus 값을 0으로 변경한다. 그리고 아두이노 보드에 실장되어 있는 LED를 Off 하고 시리 얼 모니터에 "Humidity check Off" 메시지를 출력한다.

```
49        case 'i':
50            if(humiCheckStatus == 1)
51            {
52                unsigned char bData[2]={0, 0};
53                bData[0] = RHvalue % 256;
54                bData[1] = RHvalue / 256;
55                bt.write(bData[0]);
56                bt.write(bData[1]);
```

```
57          }
58        default:
59          //blank
60          break;
```

49~60 : cmd 값이 'i'일 때 50~58 라인의 구문을 수행한다. humiCheckStatus == 1이면 2
바이트 크기의 RHvalue를 상위 1바이트는 bData[1]에 저장하고, 하위 1바이트는
bData[0]에 저장한다. 저장한 bData[0], bData[1] 값을 블루투스 포트로 전송한다.
전송 순서는 하위 1바이트를 먼저 전송하고 이어서 상위 1바이트를 전송한다.

```
78    int Humi_mV_Tbl[18] =
79    {1235, 1390, 1540, 1685, 1825,
80     1960, 2090, 2220, 2350, 2480,
81     2605, 2730, 2860, 2990, 3125,
82     3260, 3400, 3530};
83
84    int Humi_RH_Tbl[18] =
85    {10,   15,   20,   25,   30,
86     35,   40,   45,   50,   55,
87     60,   65,   70,   75,   80,
88     85,   90,   95  };
```

78~82 : Humi_mv_Tbl은 18단계의 습도 기준에 대한 센서의 출력 전압이다. 전압의 단위
는 mV로서 예를 들어 Humi_mv_Tbl[0] = 1235은 센서의 출력전압이 1235mV를 의
미한다.

84~88 : Humi_RH_Tbl은 18단계의 습도값을 의미한다. 예를 들어 Humi_RH_Tbl[0]=10일
때 습도는 10%를 의미하고 Humi_RH_Tbl[5] = 35는 35%의 습도 상태를 나타낸다.

```
90    int Humidity_Read()
91    {
92        int val, idx, rh;
93        float fVout, fmVout;
```

90 : Humidity_Read는 습도 센서의 데이터를 읽어 습도 값을 반환하는 기능을 갖는다.

92, 93 : val와 idx, rh는 2바이트 변수로서 함수 내에서만 값을 저장하고 사용할 수 있다.
fVout와 fmVout는 실수 변수로서 fVout는 센서의 출력전압 값을 Volt 단위로 갖으며, fmVout는 센서의 출력전압 값을 mili volt 단위로 저장한다.

```
95        val = analogRead(PIN_HUMIDITY);
96        fVout = ( 5.0*val )/1024.0;
97        fmVout = fVout * 1000;
```

95 : 습도 센서 핀 번호 PIN_HUMIDITY에서 아날로그 값을 읽어 val에 저장한다.

96 : 습도 센서의 값 val은 A/D 변환된 값이고 센서의 전압이 0~5Volt이면 AD 변환 값은 0~1023까지이다. 아두이노의 AD 분해능은 10비트이므로 2^{10}=1024이다. 따라서 AD값의 Volt로 변환은 5Volt : 1024 = fVout : val이 된다. 이 관계식을 fVout에 대해 전개하면 fVout = $(5 * val)$/1024이 된다.

97 : 센서의 습도에 대한 출력전압은 mili volt의 단위를 갖고 있다. 따라서 Volt를 mili volt로 변환하기 위해 1000을 Volt에 곱하여 mili volt로 변환한다.

```
98        for(idx=0; idx<18; idx++)
99        {
100           if(fmVout <= Humi_mV_Tbl[idx])
101           {
102               Serial.print("Idx:");
103               Serial.print(idx);
```

```
104        rh = Humi_RH_Tbl[idx];
105        break;
106      }
107    }
```

98: 센서 출력 전압에 대한 습도 테이블은 18단계이므로 0~17까지 idx 값을 증가하여 출력
   전압에 해당하는 습도 값을 찾는다.

99~105: Humi_mV_Tbl[idx] 의 idx를 증가하여 테이블의 값이 fmVout보다 크거나 같으면
      이때의 테이블 값을 센서의 출력전압에 대한 습도 값으로 판단하여 Humi_RH_
      Tbl[idx]의 값을 rh에 저장한다.

```
108      Serial.print(", AD:");
109      Serial.print(val);
110      Serial.print(", Vout:");
111      Serial.print(fVout);
112      Serial.print(", mV:");
113      Serial.print(fmVout);
114      Serial.print(", RH:");
115      Serial.println(rh);
116      return (rh);
117
118  }
```

108~115: 습도 센서의 값 val, 전압으로 변환한 값 fVout, 밀리볼트로 변환한 값 fmVout,
       습도 테이블의 값 rh를 시리얼 모니터로 출력한다.

116: 센서 값에 해당하는 습도 테이블의 값 rh를 함수를 호출한 곳으로 반환한다.

10.5 앱 인벤터 코딩

1) 디자이너

메뉴의 Projects - My projects를 클릭하거나 Start new project를 클릭해서 새로운 프로젝트를 만든 다음 프로젝트 이름을 "smartHumitySensor"로 작성한다.

[그림 10-3] 앱 인벤터 전체 구성

(1) Arrangement 컴포넌트 배치하기

① Layout 서랍의 컴포넌트 중 HorizontalArrangement 2개를 Viewer 화면으로 차례대로 드래그 & 드롭한다. 2개의 컴포넌트 모두 Properties 패널에서 속성은 [표 10-3]을 참고하여 변경한다.

[표 10-3] Layout 컴포넌트 설정1

컴포넌트 종류	컴포넌트 이름	변경할 속성	
Layout - HorizontalArrangement	HorizontalArrangement1	AlignHorizontal	Center : 3
		AlignVertical	Center : 2
		Height	20 percent
		Width	Fill parent
Layout - HorizontalArrangement	HorizontalArrangement2	AlignHorizontal	Center : 3
		AlignVertical	Center : 2
		Height	Automatic
		Width	Fill parent

(2) ListPicker, Button, Label 컴포넌트 삽입하기

① User Interface 서랍에서 ListPicker, Button, Label 컴포넌트를 Viewer 영역의 Horizontal Arrangement1의 안쪽으로 차례대로 드래그&드롭한다. 속성은 아래 [표 10-4]를 참고하여 수정한다.

② Label 컴포넌트는 HorizontalArrangement1 아래 쪽에 드래그&드롭한다. 속성은 아래 [표 10-4]를 참고하여 수정한다.

[표 10-4] ListPicker, Button, Label 컴포넌트 속성

컴포넌트 종류	컴포넌트 이름	변경할 속성	
User Interface - ListPicker	lpButton	FontSize	20
		Width	Fill parent
		Text	블루투스 찾기
		TextAlignment	center : 1
User Interface - Button	nmButton	FontSize	20
		Width	Fill parent
		Text	블루투스 해제
		TextAlignment	center : 1
User Interface - Label	lblMessage	FontSize	20
		Width	Fill parent
		Text	Text for Label1
		TextAlignment	center : 1

(3) Button 컴포넌트 삽입하기

User Interface 서랍에서 Button 컴포넌트를 Viewer 영역의 HorizontalArrangement2의 안쪽으로 차례대로 드래그&드롭한다. 속성은 아래 [표 10-5]를 참고하여 수정한다.

[표 10-5] Button 컴포넌트 속성

컴포넌트 종류	컴포넌트 이름	변경할 속성	
User Interface - Button	nmHymityReadButton	FontSize	20
		Width	Fill parent
		Text	습도 센서 읽기
		TextAlignment	center : 1
User Interface - Button	nmHumityCancelButton	FontSize	20
		Width	Fill parent
		Text	습도 센서 중지
		TextAlignment	center : 1

(4) Label 컴포넌트 삽입하기

Label 컴포넌트는 HorizontalArrangement2 아래 쪽에 드래그&드롭한다. 속성은 아래 [표 10-6]을 참고하여 수정한다.

[표 10-6] Slider 컴포넌트 속성

컴포넌트 종류	컴포넌트 이름	변경할 속성	
User Interface - Label	lblsldValue	FontSize	20
		Width	Fill parent
		Text	Text for Label1
		TextAlignment	center : 1

(5) Non-visible 컴포넌트 삽입하기

Sensors 서랍의 Clock 컴포넌트와 Connectivity 서랍의 BluetoothClient 컴포넌트를 Viewer 영역으로 드래그&드롭한다. Clock1의 속성만 다음과 같이 변경한다.

[표 10-7] Clock, BluetoothClient 컴포넌트 속성

컴포넌트 종류	컴포넌트 이름	변경할 속성	
Sensors - Clock	Clock1	TimeInterval	100
Connectivity - BluetoothClient	BluetoothClient1	없음	

2) 블록

(1) 블루투스 통신 연결 설정하기

지금까지 했던 대로 블루투스 통신 연결과 연결 해제를 위해 아래와 같은 명령어를 작성한다.

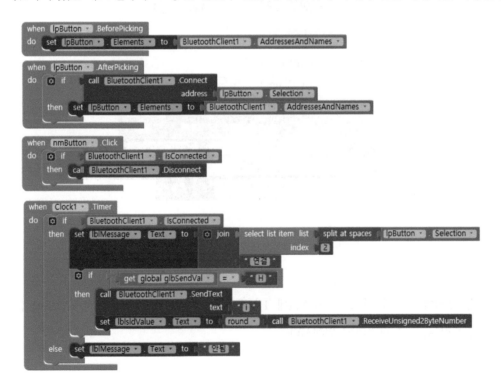

[그림 10-4] 블루투스 통신 연결 및 해제를 위한 블록

[그림 10-4]에서 전역변수 blbSendVal의 값이 'H'이면 주기적으로 'i'의 문자를 블루투스로 전송한다.

(2) 습도 센서 읽기 및 중지 제어하기

nmHumityReadButton 서랍에서 when nmHumityReadButton.Click 이벤트 처리기를 드래&드롭한다. 동일한 방법으로 nmHumityCancelButton 서랍에서 when nmHumityCancelButton.Click 이벤트 처리기를 드래그&드롭한다. 그다음 아래와 같이 명령어를 작성한다.

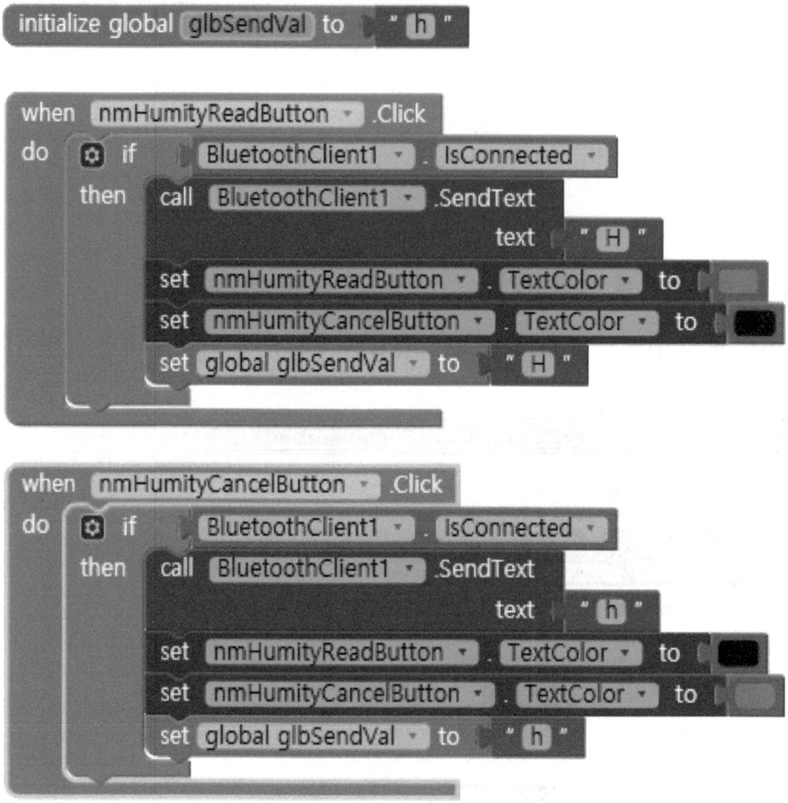

[그림 10-5] 습도 센서 읽기 및 중지 버튼 제어

[그림 10-5]에서 전역변수 glbSendVal에 'H' 혹은 'h'로 구분하여 Clock 컴포넌트에서 'i' 문자를 전송할 유무를 판단하기 위해서다.

이제 앱을 모바일 기기에 설치한 다음 실행해 본다.

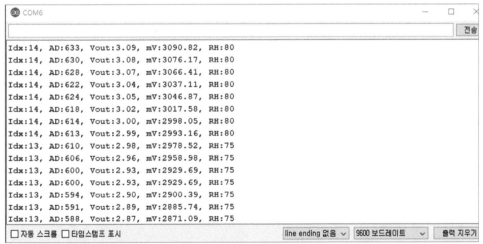

[그림 10-6] 앱 및 시리얼 통신에서 습도 센서 동작 확인

CODING TEST NOTE

File Name: _____

1					
2					
3					
4					
5					
6					
7					
8					
9					
0					
1					
2					
3					
4					
5					
6					
7					
8					
9					
0					
1					
2					
3					
4					
5					
6					
7					
8					
9					
0					

CODING TEST NOTE

File Name: _____

1					
2					
3					
4					
5					
6					
7					
8					
9					
0					
1					
2					
3					
4					
5					
6					
7					
8					
9					
0					
1					
2					
3					
4					
5					
6					
7					
8					
9					
0					

참고문헌

1. Michael Margolis, 레시피로 배우는 아두이노 쿡북, 윤순백 옮김, 서울: 제이펍, 2012.
2. David Wolber, Hal Abelson, Ellen Spertus, Liz Looney, 앱 인벤터2, 오일석, 이전선 옮김, 서울: 한빛아카데미, 2015.
3. 이진우, 이지공, 실험 KIT로 쉽게 배우는 아두이노로 코딩배우기, 서울: 광문각, 2018.
4. GP2Y1010AU0F 미세먼지 센서 데이터 시트
   https://global.sharp/products/device/lineup/data/pdf/datasheet/gp2y1010au_e.pdf
5. WTS3535 습도 센서 데이터 시트
   http://www.wujunghightech.com/files/humidity_sensor.pdf

기초 코딩부터 사물인터넷(IoT) 실습까지

MIT 앱 인벤터를 활용한 아두이노 제어 실습

| 2021년 2월 26일 | 1판 1쇄 | 인 쇄 |
| 2021년 3월 5일 | 1판 1쇄 | 발 행 |

지 은 이 : 정용섭, 김영빈, 정대영, 정금섭, 최영근

펴 낸 이 : 박 정 태

펴 낸 곳 : 광 문 각

10881
파주시 파주출판문화도시 광인사길 161
광문각 B/D 4층
등   록 : 1991. 5. 31 제12 - 484호
전 화(代) : 031-955-8787
팩   스 : 031-955-3730
E - mail : kwangmk7@hanmail.net
홈페이지 : www.kwangmoonkag.co.kr

ISBN : 978-89-7093-482-2 93560

값 : 20,000원

한국과학기술출판협회
Korean Science & Technology Publisher Association

저자와 협의하여 인지를 생략합니다.

※ 교재와 관련된 자료는 광문각 홈페이지(www.kwangmoonkag.co.kr)
   자료실에서 다운로드 할 수 있습니다.